PAS DE REDD EN AFRIQUE

PAS DE REDD EN AFRIQUE

NNIMMO BASSEY, ANABELA LEMOS, CASSANDRA SMITHIES

Traduction: Raymond Robitaille

Daraja Press

Publié par Daraja Press

www.darajapress.com

ISBN 978-0-9952223-7-3

Concepteur de couverture: Otoabasi Bassey

Catalogage avant publication de Bibliothèque et Archives Canada

Bassey, Nnimmo
[Stopping the continent grab and the REDD-ification of Africa. Français]
Pas de REDD en Afrique : stoppons l'accarpement du continent / Nnimmo Bassey, Anabela Lemos, Cassandra Smithies.
Traduction de : Stopping the continent grab and the REDD-ification of Africa.
Comprend des références bibliographiques.
Publié en formats imprimé(s) et électronique(s).
ISBN 978-0-9952223-7-3 (couverture souple).–ISBN 978-0-9952223-8-0 (livre numérique)
1. Réduction des émissions liées à la déforestation et à la dégradation des forêts (Programme). 2. Piégeage du carbone–Aspect social–Afrique.
3. Échange de droits d'émission (Environnement)–Aspect social–Afrique.
4. Déboisement–Aspect social–Afrique. 5. Afrique–Conditions environnementales. I. Lemos, Anabela, 1953-, auteur II. Smithies, Cassandra, 1964-, auteur III. Titre. IV. Titre: Stopping the continent grab and the REDD-ification of Africa. Français.
SD387.C37B3814 2016   333.75'16   C2016-906786-6
                                         C2016-906787-4

Table des Matières

1

Appel à la décolonisation de l'Afrique

La pire forme d'esclavage consiste à se vendre aux enchères de plein gré, de se faire acheter et ensuite de faire semblant d'être libre. C'est ce à quoi revient la participation à l'initiative des REDD (réduction des émissions issues du déboisement et de la dégradation des forêts). À un moment où l'action climatique a renoncé aux exigences obligatoires au profit de « contributions volontaires définies au plan national, » les REDD offrent un espace idéal pour les pollueurs de continuer à polluer tout en prétendant qu'ils sont des champions de l'action sur le climat.

L'initiative REDD cause déjà la violation de droits individuels ainsi que des droits collectifs des communautés et des peuples autochtones. Les REDD offrent aux industries polluantes, aux spéculateurs du carbone et aux gouvernements qui les servent la liberté de maintenir leurs comportements répréhensibles en les approuvant officiellement.

La présente publication du *Réseau Pas de REDD en Afrique* (*No REDD in Africa Network*) a pour but de démystifier le mécanisme des REDD, les projets de type REDD et toutes leurs variantes, et de montrer ce qu'ils sont vraiment : des mécanismes injustes conçus pour lancer une nouvelle phase de colonisation du continent africain. Les exemples présentés ci-dessous démontrent clairement que le mécanisme des REDD est une escroquerie et que les pollueurs savent qu'il leur permet d'acheter le « droit » de polluer.

Le présent exposé met l'accent sur l'importance de la menace que représente l'ouverture de la boîte de Pandore du commerce du carbone à travers les REDD et montre clairement que ce qui s'annonce n'est pas seulement l'accaparement des terres et de l'eau, mais bien l'accaparement du continent au complet. Les REDD ne sont pas seulement une autre ruée vers l'Afrique, mais un accaparement féroce de l'ensemble du continent, alors que ceux qui bradent le continent exigent qu'on les applaudisse pour leurs actions au nom du « développement durable. » Les REDD sont en voie de produire des changements systémiques et structuraux oppressifs et exploiteurs qui incluent une mainmise historique sur les terres et l'eau, le colonialisme par le carbone, l'esclavage du carbone et des formes exacerbées de violence contre les femmes. Les REDD constituent une nouvelle offensive contre les peuples de l'Afrique, notamment les paysans, les pasteurs, les chasseurs-cueilleurs et les peuples autochtones.

Les REDD sont un mécanisme insidieux qui ne peut livrer ce qu'il prétend offrir. Tout le monde désire la fin de la déforestation et personne n'appuie la dégradation des forêts. Les REDD exploitent le rôle essentiel que jouent les forêts et tous les autres écosystèmes pour maintenir l'équilibre écologique de la Terre pour vendre leur concept; en même temps, ils ouvrent la voie aux criminels du climat pour s'emparer du bien commun, restreindre les droits des communautés et compromettre notre avenir au moyen de bourses du carbone africaines comme la African Carbon Exchange (ACX) au Kenya et la African Carbon Credit Exchange (ACCE) en Zambie.

Le *Réseau Pas de REDD en Afrique* prévient que les REDD pourraient bien être l'ultime levier pour l'ouverture complète du continent africain à l'invasion des plantes et des arbres génétiquement modifiés. Ils pourraient aussi promouvoir la fausse idée que les cultures génétiquement modifiées font partie d'une agriculture « adaptée aux changements climatiques. » Ils menacent de mettre la main sur les sols, l'eau (le carbone bleu) et les écosystèmes complets. Ils pourraient aussi raviver la tristement célèbre agriculture de plantation coloniale. En Afrique, les REDD deviennent une nouvelle forme de colonialisme, d'asservissement économique et d'appauvrissement.

Au Forum social mondial de 2013 en Tunisie, indignés para la multiplication des accaparements de terres et le néocolonialisme des REDD, les Africains ont pris la décision historique de lancer le *Réseau Pas de REDD en Afrique* pour défendre le continent contre l'offensive des REDD.[1] En publiant le présent document, le *Réseau Pas de REDD en Afrique* lance un appel à la décolonisation de l'Afrique et à la construction de l'espoir pour les générations actuelles et futures. Il s'agit d'un appel qui vient au bon moment et que nous devons tous et toutes entendre. Nous ne pouvons pas nous taire alors qu'une escroquerie climatique est en train de créer une génération entière d'Africaines et d'Africains sans terres.

---

1. « Union des Africains contre la nouvelle forme de colonialisme : Né le nouveau réseau No REDD, » http://www.no-redd-africa.org/images/pdf/Reseau contre REDD en Afrique - press release.pdf

2

Qu'est-ce que REDD ?

Dans le présent livre, par REDD nous entendons un ensemble de mécanismes (y compris REDD et les projets de type REDD) mis en place tant à l'intérieur qu'à l'extérieur du système des Nations Unies prétendument pour combattre la déforestation et les changements climatiques. Les REDD font l'objet de négociations au sein de la Convention-cadre des Nations Unies sur les changements climatiques (CCNUCC) depuis 2005. L'objectif déclaré de ces négociations est de réduire les émissions mondiales nettes de gaz à effet de serre en contrôlant la gestion des forêts dans les pays en développement.

L'encadré ci-dessous de GRAIN résume le fonctionnement prévu du mécanisme :

Qu'est-ce que REDD ?[1]

L'acronyme REDD veut dire Réduction des émissions issues de la déforestation et de dégradation des forêts dans les pays en développement. C'est le terme sous lequel la disparition des forêts est discutée lors des réunions des Nations Unies (ONU) sur le climat. Depuis 2005, la question de la disparition des forêts a amené les gouvernements présents aux réunions de l'ONU à se détourner du traitement de la cause réelle des changements climatiques : la transformation de gisements souterrains anciens de pétrole, de charbon et de gaz en combustibles fossiles et leur combustion. Au lieu de proposer un plan sur la façon de mettre fin aux émissions de gaz à effet de serre qui sont la conséquence de l'utilisation de ces combustibles fossiles, les négociations de l'ONU sur le climat ont passé beaucoup de temps à débattre de la déforestation des forêts tropicales. Il est bien sûr important de stopper la disparition des forêts, aussi à cause des émissions de CO_2 libérées lorsque les forêts sont détruites. Mais la réduction de la déforestation ne peut se substituer à la formulation d'un plan sur la façon de mettre un terme à l'utilisation des combustibles fossiles ! Le problème avec le mécanisme REDD, c'est qu'il aboutit exactement à cela : permettre aux pays industrialisés de brûler des combustibles fossiles un peu plus longtemps.

---

1. https://www.grain.org/article/entries/5324-comment-les-projets-redd-fragilisent-l-agriculture-paysanne-et-les-solutions-reelles-au-changement-climatique

REDD est un autre mot que l'ONU utilise pour parler des forêts. Le « plus » correspond à « l'amélioration des stocks de carbone, la gestion durable des forêts et la conservation des forêts » ou, comme l'a expliqué un commentateur : « à un certain moment, quelqu'un a pensé qu'il serait approprié d'ajouter le " " qui en viendrait à représenter toutes ces autres choses qui ont attiré l'attention du secteur du développement international au cours des dernières années (comme la conservation, les rapports hommes-femmes, les populations autochtones, les moyens de subsistance et ainsi de suite) ». À l'origine, le mécanisme REDD était destiné à des pays connaissant une importante déforestation, le Brésil et l'Indonésie en particulier. Cela voulait dire que le financement serait disponible principalement pour les pays qui présentaient un fort potentiel de réduction de leur taux de déforestation. Seuls huit pays, représentant 70 % de la disparition des forêts tropicales, seraient ainsi concernés. Les pays possédant beaucoup de forêts, mais connaissant peu de déforestation (le Guyana, la RDC, le Gabon, etc.) ont donc insisté pour que REDD soit conçu de façon à ce qu'ils aient également accès au financement de ce mécanisme, par exemple en étant payés pour ne pas accroître la déforestation future prévue. Le « plus » a donc été également ajouté afin que les pays ayant un faible niveau de déforestation, mais beaucoup de forêts puissent aussi avoir accès à ce qui devait, pensait-on à l'époque, représenter de grosses sommes d'argent pour les activités REDD .[2]

Comment REDD est-il censé fonctionner ?

Les pays riches en forêts de l'hémisphère sud acceptent de réduire les émissions provenant de la destruction des forêts dans le cadre d'un accord des Nations Unies sur le climat. Pour démontrer exactement combien de tonnes de (dioxyde de) carbone ont été économisées, le gouvernement produit un plan national REDD qui explique quelle surface de forêt **aurait été détruite** au cours des prochaines décennies. Puis le plan décrit la superficie de forêt que le gouvernement serait prêt à ne pas couper si quelqu'un le paye pour conserver sur pied la forêt qui, selon lui, serait autrement détruite. Il calcule combien il en coûterait de ne pas détruire la forêt et quelle quantité de carbone ne sera pas rejetée dans l'atmosphère pour pouvoir garder la forêt intacte.

En contrepartie, des pays industrialisés (ou des entreprises, ou des ONG internationales) paient les pays forestiers tropicaux (ou des projets REDD individuels) pour empêcher la destruction de la forêt qui est censée avoir lieu sans le financement de REDD . Le paiement ne sera effectué que si le pays

---

2. Pour plus d'informations, voir la section du site web du WRM sur REDD à http://wrm.org.uy/fr/ index-par-themes/marchandisation-de-la-nature/redd/#Livres et rapports et la publication *10 Alertes sur REDD à l'intention des communautés.*

forestier montre que la destruction de la forêt a été effectivement limitée *et* que le carbone qui, autrement, aurait été libéré dans l'atmosphère continue d'être stocké dans cette forêt. Voilà pourquoi les gens parlent parfois de paiements « axés sur les résultats » ou « basés sur les performances » à propos de REDD. Le projet REDD doit également montrer que la forêt aurait été détruite en l'absence du financement de REDD. Ce dernier point est important parce que de nombreux pays industrialisés et les entreprises qui financent des activités REDD veulent recevoir quelque chose en contrepartie de leur soutien financier. Ce quelque chose est appelé un *crédit carbone* (ce nom pourrait changer dans le traité de l'ONU sur le climat que les gouvernements devraient adopter à Paris en décembre 2015). La publication du WRM « 10 alertes sur REDD à l'intention des communautés[3] » explique pourquoi les calculs qui créent les crédits de carbone ne sont pas crédibles et pourquoi il est impossible de savoir si une forêt n'a réellement été sauvée que grâce au financement REDD.

À quoi peut donc servir ce crédit carbone ?

Un crédit carbone est pour l'essentiel un droit à polluer. Un pays ou une entreprise polluante qui a pris l'engagement de réduire ses émissions de gaz à effet de serre ne réduit pas ses émissions autant que ce à quoi il s'est engagé. Au lieu de cela, le pays ou l'entreprise paie quelqu'un ailleurs pour réaliser cette réduction à sa place. De cette façon, le pollueur peut prétendre avoir honoré son engagement alors qu'en réalité il continue à brûler plus de pétrole et de charbon et à rejeter plus de CO_2 dans l'atmosphère que ce à quoi il s'est engagé. De l'autre côté de la transaction sur les crédits carbone (REDD), quelqu'un prétend qu'il avait l'intention de détruire une forêt, mais que, à la suite du paiement, il a décidé de ne pas détruire cette forêt. Le carbone économisé en protégeant la forêt qui, autrement, aurait été abattue est vendu en tant que crédit carbone au pollueur qui continue de brûler plus de combustibles fossiles que convenu. En d'autres termes, le propriétaire du crédit de carbone a le droit de rejeter une tonne de carbone fossile qu'il avait promis de ne pas émettre parce que quelqu'un d'autre a économisé une tonne de carbone dans une forêt qui, sans le paiement du crédit carbone, aurait été détruite et aurait conduit à des émissions de CO_2. Sur le marché volontaire du carbone, où les entreprises et les particuliers achètent des crédits carbone pour faire valoir que (certaines de) leurs émissions ont été compensées, les crédits REDD sont négociés entre 3 et 10 \$US.

Pourquoi le négoce des crédits carbone ne réduit-il pas les émissions ?

Cette idée de compensation (carbone) soulève de nombreux problèmes. Notamment, le négoce des crédits carbone ne réduit pas les émissions globales : ce qui est économisé à un endroit permet des émissions supplémentaires dans un

---

3. http://wrm.org.uy/fr/livres-et-rapports/10-alertes-sur-redd-a-lintention-des-communautes/

autre endroit. Il existe un autre problème dans le cas des crédits carbone REDD
: la différence très importante entre le carbone stocké dans le pétrole, le charbon
et le gaz et le carbone stocké dans les forêts. Le carbone stocké dans les arbres
fait partie d'un cycle naturel dans lequel il est constamment rejeté et absorbé par
les plantes. Le carbone terrestre circule entre l'atmosphère, les océans et la forêt
depuis des millions d'années.

Au fil des siècles, du fait de la déforestation, une trop grande quantité du
carbone naturellement dans la circulation s'est retrouvée dans l'atmosphère et
trop peu dans les forêts. Aujourd'hui, l'agriculture industrielle, l'exploitation
forestière, les infrastructures et l'exploitation minière sont les principales causes
de la déforestation. Lorsque les pays industrialisés ont commencé à brûler du
pétrole et du charbon, ils ont encore augmenté la quantité de carbone qui
s'accumulait dans l'atmosphère. Le carbone contenu dans ces « combustibles
fossiles » avait été stocké sous terre depuis des millions d'années, sans contact
avec l'atmosphère. Son rejet augmente considérablement la quantité de dioxyde
de carbone dans l'atmosphère, ce qui, à son tour, entraîne une modification
du climat. Bien que les plantes puissent absorber une partie de ce carbone
supplémentaire rejeté par les gisements de pétrole et de charbon anciens, ils ne
le font que temporairement : lorsque la plante meurt ou lorsqu'une forêt est
détruite ou brûle, le carbone est libéré et augmente la concentration de CO_2
dans l'atmosphère (en accentuant le déséquilibre résultant de la destruction de la
forêt).

Voilà pourquoi les crédits REDD ne contribuent pas à réduire les émissions
globales. Pire encore, les crédits REDD vont conduire à une augmentation
des concentrations de CO_2 dans l'atmosphère parce que REDD repose sur
l'hypothèse erronée que le carbone forestier et le carbone fossile sont une
seule et même chose alors que d'un point de vue climatique, ils ne le sont
manifestement pas !

3

Quelques autres définitions

Prenez une profonde respiration. Inspirez. Expirez. Comment vous sentez-vous de savoir que l'air que nous respirons est en voie d'être privatisé ? L'atmosphère devient la propriété privée de l'industrie et des gouvernements au moyen d'une activité appelée le « commerce du carbone. »

Le **commerce du carbone** est le commerce d'unités de pollution créées qui équivalent à une tonne métrique de dioxyde de carbone et de cinq autres gaz à effet de serre. Ces unités sont vendues dans des bourses appelées **marchés du carbone.**

Le commerce de ces permis de polluer, les crédits de carbone, permet aux industries et aux pays pollueurs de se soustraire facilement et à faible coût de leurs obligations de réduire la pollution à la source. En d'autres mots, le commerce du carbone épargne les pollueurs. Il présuppose la mainmise, la marchandisation, la privatisation et la vente de la nature par les marchés financiers, un processus de « financiarisation de la nature » qui sous-tend ce que l'on appelle « l'économie verte. »

« **L'économie verte** » est un terme qui chapeaute toutes sortes de manières de vendre la nature, notamment REDD , le mécanisme de développement propre (MDP), le commerce du carbone, le PSE (paiement de services environnementaux), la financiarisation de la nature, le Régime international d'accès aux ressources génétiques, le brevetage du vivant, l'ÉÉB (Économie des écosystèmes et de la biodiversité), le capital naturel, les obligations vertes, les banques d'espèces et les « partenariats » entre l'État, les entreprises et les peuples autochtones. Sous l'économie verte, même la pluie, la beauté d'une chute ou le pollen que récolte une abeille peuvent être réduits à un code-barre avec un prix et vendus au plus offrant. En même temps, l'économie verte promeut et *écoblanchit* des industries extractives qui dévastent l'environnement et la société comme la foresterie, les mines et les forages pétroliers et gaziers en les qualifiant de « développements durables. » Rien ne saurait être plus éloigné de la vérité.

Richard Sandor et d'autres ont inventé le commerce du carbone dans les années 1980[1], lequel est organisé par les bourses des valeurs avec l'appui des Nations Unies, de sa Convention-cadre des Nations Unies sur les changements

---

1. Cameron, James, « Heroes of the Environment—Richard Sandor » http://content.time.com/time/specials/2007/article/0,28804,1663317_1663322_1669930,00.html

climatiques (CCNUCC) et le protocole de Kyoto. Sous l'ONU, le commerce du carbone a lieu dans un « marché obligatoire » parce qu'il est effectué pour se conformer à des engagements juridiquement obligatoires de réduire les émissions.

Mais les individus, les entreprises et les États peuvent aussi acheter et vendre les crédits de carbone à l'extérieur de l'ONU dans le « marché volontaire. » Les pollueurs utilisent le marché volontaire pour accumuler les crédits de carbone en prévision d'exigences futures de réduction de leurs émissions, pour « écoblanchir » leur image ou parce qu'ils pensent que cela réduit les changements climatiques. Il existe des marchés du carbone en Europe, en Afrique et au Brésil et il y a aussi de nombreux cas de spéculation et de fraude sur le carbone et même des « criminels » du carbone.[2]

En vertu du **mécanisme de développement propre (MDP)** de l'ONU, on peut aussi obtenir des crédits de carbone pour des projets réalisés dans les pays du sud qui supposément réduisent ou évitent la production de dioxyde de carbone (CO_2) ou encore captent le CO_2 afin de compenser ou neutraliser la pollution causée ailleurs. Ces compensations d'émissions, appelées compensations carbone, sont générées par des projets comme les barrages hydroélectriques et les plantations d'arbres. Le MDP assigne donc aux pays du Sud l'obligation de réduire les émissions et c'est pourquoi il a été dénoncé pour colonialisme par le carbone.

Les arbres absorbent le dioxyde de carbone et libèrent l'oxygène grâce à la photosynthèse. La photosynthèse est la prémisse des compensations carbone liées aux forêts. Les REDD sont prétendument un mécanisme pour combattre les changements climatiques et protéger les forêts en procurant des incitatifs au moyen de compensations carbone. L'idée de base derrière les REDD est simple : les pays en développement qui veulent et peuvent réduire les émissions causées par la déforestation devraient toucher une compensation financière pour ce service.

Les REDD se sont développés à partir d'une proposition soumise à l'ONU en 2005 par un groupe de pays appelé Coalition pour les pays de forêts pluviales (Coalition for Rainforest Nations). En juin 2015, après dix années de négociations, l'ONU a finalisé les REDD.[3] Il est prévu que les REDD soient inclus dans le document final du Sommet mondial de l'ONU sur le climat qui aura lieu à Paris en décembre 2015.[4]

Selon REDD Monitor, [notre traduction] « Le diable, comme toujours,

2. *Reuters,* http://www.reuters.com/article/idUSTRE57J3BC20090820
3. Climate Change News, « UN finalizes forest protection initiative at Bonn climate talks. » http://www.climatechangenews.com/2015/06/10/un-finalises-forest-protection-initiative-at-bonn-climate-talks/
4. Voici le projet de décision qui sera considéré à Paris : « Methodological guidance for activities relating to reducing emissions from deforestation and forest degradation and the role of conservation, sustainable management of forests and enhancement of forest carbon stocks in developing countries » http://unfccc.int/cop9/latest/sbsta_l27.pdf

est dans les détails. Le premier détail, c'est que les paiements ne seront pas faits pour la conservation des forêts, mais bien pour la réduction des émissions issues de la déforestation et de la dégradation des forêts. Cela peut sembler être du coupage de cheveux en quatre, mais en fait c'est important parce qu'il rend possible, par exemple, l'exploitation d'une zone de forêt vierge et la compensation des émissions qui en découleraient par une plantation industrielle d'arbres en monoculture ailleurs.[5] »

Les REDD souffrent de plusieurs problèmes techniques fondamentaux, notamment *les fuites, l'additionnalité, la permanence et les systèmes de mesure*. Ces termes se réfèrent fondamentalement à toutes les complications qui nuisent au fonctionnement des REDD, car : on peut transférer les activités de déforestation prévues ailleurs ; il n'y a aucune façon de démontrer qu'une forêt allait être coupée sauf si l'on peut prévoir l'avenir ; les arbres ne stockent pas le carbone indéfiniment ; et personne ne sait vraiment comment mesurer le carbone que renferment les arbres, et encore moins ne comprend pleinement le cycle du carbone dans l'atmosphère ni ne peut le suivre et le quantifier.

Les fuites concernent le fait que si la déforestation peut être évitée dans un endroit, les destructeurs de forêts peuvent bien déménager et détruire une forêt dans une autre région du pays ou dans un autre pays.

L'additionnalité concerne le fait qu'il est pratiquement impossible de prévoir ce qui aurait pu se produire en l'absence d'un projet REDD.

La permanence concerne le fait que le stockage du carbone dans les arbres est seulement temporaire. Tôt ou tard, tous les arbres meurent et libèrent leur carbone dans l'atmosphère.

Les systèmes de mesure concernent le fait qu'il est extrêmement difficile de mesurer avec précision la quantité de carbone stockée dans les forêts et les sols des forêts – un tel exercice risque de produire des erreurs énormes.[6] »

5. REDD Monitor, « REDD: An Introduction, » http://www.redd-monitor.org/redd-an-introduction/
6. Ibid.

4

Évolution de REDD, REDD+, etc.

La portée des REDD a été élargie au-delà des forêts et couvre maintenant tous les écosystèmes terrestres et côtiers. Les deux signes « » à la fin de l'acronyme REDD indiquent cette portée élargie.
Voici une brève description de l'évolution des REDD.

REDD (Réduction des émissions issues de la déforestation et de la dégradation des forêts)

Inclusion des plantations

Selon les Nations Unies, une « forêt » est une superficie supérieure à 500 mètres carrés avec un couvert arboré d'au moins 10 % et des arbres qui atteignent une hauteur d'au moins 2 mètres. Cela signifie que selon cette définition, non seulement les forêts riches en biodiversité de l'Amazonie et du bassin du Congo sont considérées des forêts, mais aussi les millions d'hectares **d'arbres plantés en monoculture**. Les REDD incluent aussi ce que l'ONU appelle des « incitatifs pervers » à **raser des forêts véritables** et à les remplacer par des plantations d'espèces invasives comme le pin, l'eucalyptus, l'épinette ou l'acacia.[1] L'ONU permet aussi l'utilisation d'arbres génétiquement modifiés dans le cadre des REDD.[2]

REDD

Inclut plus de plantations et de récoltes forestières

REDD est REDD plus la *conservation, la gestion durable des forêts et l'amélioration des stocks de carbone.*
Voici une explication de ces trois concepts :

1. Indigenous Environmental Network, *REDD= Reaping profits from Evictions, land grabs, Deforestation and Destruction of Biodiversity Plus Plantations and GMO Trees* http://www.ienearth.org/REDD/index.html
2. Décision de la CCNUCC qui permet l'utilisation d'arbres génétiquement modifiés dans les plantations pour l'afforestation et la reforestation. CCNUCC. http://unfccc.int/cop9/latest/sbsta_l27.pdf

Conservation

Bien que la conservation des forêts semble une bonne chose, l'histoire de l'établissement de parcs nationaux et d'aires protégées comprend de nombreuses évictions massives de peuples autochtones et de communautés locales.[3] Comme le montre une étude récente, ces parcs et aires protégées ont obtenu des résultats inférieurs à ceux des forêts gérées par la communauté au chapitre du contrôle de la déforestation.[4]

Gestion durable des forêts (GDF)

Dans les négociations sur le climat, le terme « gestion durable des forêts » signifie **exploitation forestière**. De plus, notons que le terme « carbone temporairement non stocké » (temporarily unstocked carbon) signifie en fait **coupes à blanc**, une pratique également permise par les REDD.[5]

Amélioration des stocks de carbone

L'amélioration des stocks de carbone peut être mise en œuvre au moyen de vastes plantations en monoculture, avec des effets négatifs sur la biodiversité, les forêts et les communautés locales.

Paysages REDD

Paysages REDD,[6] comme son nom le suggère, est des REDD avec l'inclusion de paysages complets et peut inclure l'agriculture intelligente face au climat, également une forme de REDD centrée sur les sols et l'agriculture, laquelle peut même inclure l'agriculture biologique et l'agroécologie.

Dans la présente publication, lorsque nous parlons de REDD, nous nous référons à toutes les variantes de REDD. Nous utiliserons aussi le terme « projets de type REDD. » Les projets de type REDD ne sont pas officiellement des projets REDD, mais ils utilisent le carbone stocké dans les forêts pour générer des crédits de carbone et donnent une idée des impacts que pourrait avoir la

---

3. Dowie, Mark, Conservation Refugees, [notre traduction] « Depuis 1900, plus de 108 000 aires de conservation officiellement protégées ont été établies sur la planète, principalement sous l'exhortation de cinq sociétés de conservation internationales. Environ la moitié de ces aires étaient occupées ou utilisées sur une base régulière par des peuples autochtones. Des millions de personnes qui vivaient de manière durable sur leurs terres depuis des générations ont été déplacées dans l'intérêt de la conservation » (résumé). https://mitpress.mit.edu/index.php?q=books/conservation-refugees

4. Carbon Trade Watch, What is REDD? http://www.carbontradewatch.org/issues/redd.html; http://www.carbontradewatch.org/publications/key-arguments-against-reducing-emissions-from-deforestation-and-degradation.html

5. Indigenous Environmental Network, op. cit.

6. Mouvement mondial pour les forêts tropicales, « REDD quitte les forêts pour envahir les paysages : la même chose en plus grand et avec plus de chances de faire des dégâts, » http://wrm.org.uy/fr/les-articles-du-bulletin-wrm/section2/redd-quitte-les-forets-pour-envahir-les-paysages-la-meme-chose-en-plus-grand-et-avec-plus-de-chances-de-faire-des-degats-3/

mise en œuvre des REDD. Notons également qu'à l'heure actuelle, le système des REDD est dans la phase de « préparation », mais qu'avec la signature de l'accord de Paris en décembre 2015, les REDD pourraient bien passer à leur phase d'exécution.

5

Que signifie réellement REDD ?

Les REDD, comme le commerce du carbone, sont une fausse solution aux changements climatiques mise de l'avant par les Nations Unies, la Banque mondiale et les sociétés criminelles du climat comme Shell,[1] Chevron et Rio Tinto.[2] Ils permettent aux pollueurs de continuer de brûler les combustibles fossiles sans aucune obligation de réduire leurs émissions à la source. Si l'on peut prétendre que REDD signifie « Réduction des émissions issues de la déforestation et de la dégradation des forêts, » dans la pratique, il signifie réellement *engranger les profits découlant des évictions, de l'accaparement des terres, de la déforestation et de la destruction de la biodiversité.*[3] Les REDD représentent un accaparement de terres mondial et une gigantesque arnaque de compensation carbone. Même les Nations Unies reconnaissent que les REDD pourraient produire « un verrouillage des forêts, » « une perte de terres » et « de nouveaux risques pour les pauvres de la planète.[4] »

Et quand s'ouvriront les vannes de cet assaut ?

C'est en 2015, lors du Sommet mondial de l'ONU sur le climat, que l'Accord obligatoire de Paris sera signé. En septembre à l'Assemblée générale des Nations Unies, les États membres ont déjà adopté le programme de développement post-2015. Ces deux cadres internationaux majeurs mettent de

---

1. « Shell bankrolls REDD, Indigenous Peoples and environmentalists denounce », communiqué de presse dans la page Web à http://www.redd-monitor.org/2010/09/08/indigenous-environmental-network-and-friends-of-the-earth-nigeria-denounce-shell-redd-project/

2. « Rio Tinto, an international mining company infamous for violating human rights and causing environmental destruction, promotes REDD. » http://www.carbontradewatch.org/publications/no-redd-a-reader.html UICN – « Rio Tinto Facilitated Workshop Summary » http://cmsdata.iucn.org/downloads/workshop_summary.pdf. « Carbon Conservation signed a REDD-deal with Rio Tinto in 2007 » http://news.mongabay.com/2009/0726-redd_tasmania.html. « The Financial Costs of REDD » http://cmsdata.iucn.org/downloads/costs_of_redd_summary_brochure.pdf. « Rio Tinto: Global Compact Violator » http://www.corpwatch.org/article.php?id=622. « Rio Tinto: A Shameful history of Human and Labour Rights Abuses » http://londonminingnetwork.org/2010/04/rio-tinto-a-shameful-history-of-human-and-labour-rights-abuses-and-environmental-degradation-around-the-globe/

3. Indigenous Environmental Network, op. cit.

4. « UN-REDD Framework Document » http://www.undp.org/mdtf/UN-REDD/docs/Annex-AFramework-Document.pdf « A Poverty Environment Partnership (PEP) Policy Brief, based on the full report Making REDD Work for the Poor » (Peskett et al, 2008) https://www.odi.org/sites/odi.org.uk/files/odi-assets/publications-opinion-files/3453.pdf

l'avant le controversé agenda de l'économie verte que beaucoup de groupes de la société civile ont rejeté parce qu'il fait la promotion de la financiarisation de la nature en appliquant les mécanismes REDD et d'autres mécanismes axés sur le marché.

La mise en œuvre de l'Accord de Paris commencera très probablement en 2020. Cependant, la déclaration de New York sur les forêts adoptée à l'ONU en 2014 appelle à un mécanisme REDD avant et après 2020. La « bancabilité » des crédits de carbone pourrait permettre une accumulation de crédits de carbone REDD au cours des prochaines années alors qu'ils sont relativement abordables, leur stockage ou dépôt en banque et ensuite leur utilisation lorsque la mise en œuvre battra son plein.

Les principaux promoteurs des REDD incluent des pays industrialisés comme la Norvège, l'Union européenne, les États-Unis, l'Australie, le Japon, la Chine et le Brésil ainsi que l'État de la Californie. Aux côtés des gouvernements nationaux, les sociétés multinationales et transnationales des mines, de la forêt, de l'agrochimie, des pâtes et papiers mènent l'offensive.

Le graphique ci-dessous « Who benefits from REDD? Players and Power » fournit un instantané des forces derrière REDD et révèle que, loin de protéger les forêts et l'environnement, la plupart des promoteurs de REDD les détruisent.

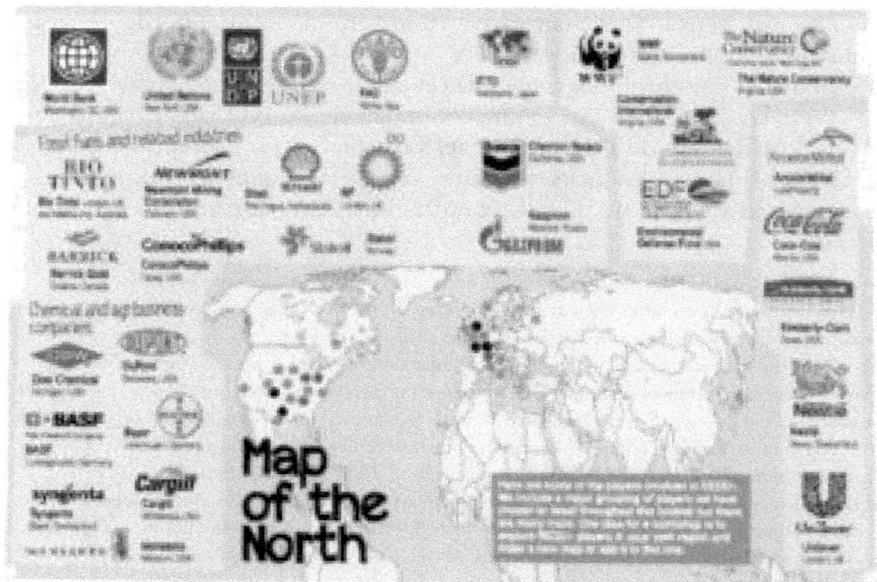

Source : *Who benefits from REDD? Players and Power*[5] *Carbon Trade Watch et Indigenous Environmental Network*

Les lignes de front de l'offensive REDD sur la planète

Il s'avère utile de commencer à visualiser l'expansion géographique des REDD. Puisque les REDD se sont d'abord concentrés sur l'accaparement des forêts de la planète, jetons un coup d'œil sur l'emplacement des principaux écosystèmes forestiers de la Terre. Il serait important de faire un exercice de cartographie similaire des terres fertiles de la planète, de paysages REDD et de l'agriculture intelligente face au climat de manière à calculer la quantité totale de terres qui pourraient être accaparées à travers ces mécanismes.

La carte ci-dessous situe les trois plus importantes forêts encore existantes de la planète. Ces trois systèmes forestiers constituent des priorités pour l'économie verte, pas juste en termes de mainmise sur les terres pour obtenir des crédits REDD.

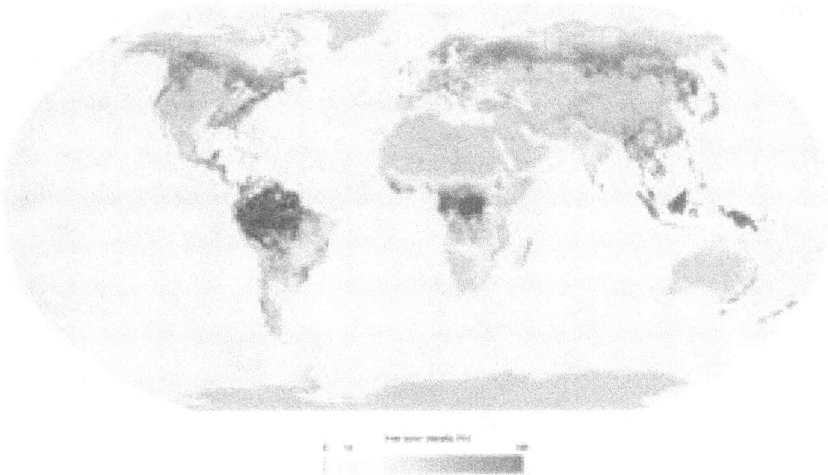

Carte des forêts de la planète World Forest 2010 Map[6]

Les effets des REDD

Les REDD en Afrique ont plusieurs effets, notamment les accaparements massifs de terres, le colonialisme par le carbone, la servitude et l'esclavage du carbone,

---

5. Carbon Trade Watch et Indigenous Environmental Network, « Who Benefits from REDD? » http://www.carbontradewatch.org/publications/some-key-redd-players.html

6. FAO, « World's Forest Map, » http://www.fao.org/forestry/fra/80298/en/

les menaces à la survie culturelle, les évictions violentes, au moins un homicide, des plantations immenses, la persécution et la criminalisation des militants, la corruption, les arnaques et escrocs du carbone, et l'écoblanchiment des entreprises.

Plusieurs organisations ont publié des rapports inédits qui documentent ces effets, y compris le *Réseau Pas de REDD en Afrique* dans *Les pires projets REDD en Afrique*, *La Via Campesina* dans un exposé sur le projet N'hambita, et l'étude de cas de Timberwatch sur les plantations de puits de carbone en Tanzanie dans le cadre du MDP.[7]

Il faut aussi lire le rapport d'Amis de la Terre-France sur Air France et REDD au Madagascar,[8] car les compensations REDD des lignes aériennes deviennent de plus en plus populaires et une grande partie des soi-disant compensations pourraient bien être faites en Afrique.

Il faut mener une étude sur les coûts comparatifs par région de l'établissement et du maintien de plantations d'arbres pour déterminer s'il est moins dispendieux d'effectuer ces compensations en Afrique et si, par conséquent, les pressions sont plus fortes pour accaparer les terres africaines pour les REDD et « arboriser » l'Afrique comparativement à d'autres régions. À ce titre, le rapport sur les REDD de GPL prévoit qu'une grande partie des REDD sera exécutée en Afrique.[9]

Les recherches du *Réseau Pas de REDD en Afrique* montrent que les pays du bassin du fleuve Congo (Cameron, République démocratique du Congo, Congo et République centrafricaine), l'Ouganda, le Madagascar, le Kenya, la Tanzanie et le Mozambique sont sur les lignes de front des REDD en Afrique.

7. Timberwatch, « CDM Carbon Sink Plantations, A Case Study in Tanzania. » http://timberwatch.org/uploads/ TW%20Tanzania%20CDM%20plantations%20report%20low%20res%20%281%29.pdf

8. Basta ! et Amis de Terre, REDD à Madagascar : Le carbone qui cache la forêt http://www.criticalcollective.org/wp-content/uploads/REDD_madagascar_fr.pdf

9. *GLP REDD Report*, p. 50 http://start.org/Publications/REDD_Report.pdf

6

Caractéristiques des projets de type REDD en Afrique

En 2013, le *Réseau Pas de REDD en Afrique* a commencé à monter une base de données sur les projets de type REDD en Afrique et ainsi compiler un panorama de ce qui se passe sur le continent relativement à REDD.

Les conclusions initiales de l'analyse des données ont servi à alimenter le premier atelier du Réseau qui a eu lieu à Maputo en août 2013 et à préparer le document sommaire *Les pires projets REDD en Afrique* du *Réseau Pas de REDD en* Afrique.[1]

Nous présentons ci-dessous des extraits de ce document.[2]

Ce résumé s'est avéré important pour illustrer la nature et la gravité des violations des droits de l'homme et l'ampleur de la répression découlant des projets de type REDD. Il a également servi à commencer à dresser un portrait de la portée de l'accaparement des terres et à créer le terme « accaparement continental » pour décrire la quantité de terres africaines qui risquent d'être REDD ifiées.

OUGANDA : Répression massive : 22 000 évictions

Plus de 22 000 paysans des districts de Mubende et de Kiboga en Ouganda, dont certains avec des titres fonciers, ont été violemment expulsés pour permettre à la britannique New Forests Company de planter des arbres, de toucher des crédits carbone et éventuellement de vendre du bois d'œuvre. Selon *The New York Times*, la « New Forests Company (NFC) plante des forêts dans des pays africains pour vendre à des pollueurs étrangers les crédits que leurs arbres génèrent en absorbant le dioxyde de carbone. » *The New York Times* rapporte également que « ... [D]es villageois ont fait part de la présence de soldats armés et d'un enfant de 8 ans [Friday

---

1. . http://www.no-redd-africa.org/images/pdf/les-pires-projets-REDD-en-Afrique.pdf

2. Toutes les références pertinentes qu'il contient sont accessibles à l'adresse http://www.no-redd-africa.org/images/pdf/les-pires-projets-REDD-en-Afrique.pdf

Mukamperezida] brûlé vif lorsque des agents de sécurité ont mis le feu à sa demeure. La Banque HSBC détient 20 % de New Forests Company et la Banque mondiale compte parmi les investisseurs du projet. Les paysans prospères expulsés sont forcés de devenir des travailleurs de plantation mal payés sur les terres dont ils ont été évincés. « Sans abri et sans espoir, M. Tushabe a déclaré qu'il a accepté un emploi avec la compagnie qui l'a évincé. On lui avait promis un salaire de plus de 100 $ par mois, mais il n'a reçu qu'environ 30 $. » NFC a la certification FSC (Forest Stewardship Council) depuis 2009.

KENYA : Menaces à la survie culturelle

Malgré la recommandation d'Amnistie internationale de « cesser immédiatement la pratique des expulsions, » durant la « préparation » de la forêt Mau au Kenya pour un projet REDD financé par le PNUE, des membres du peuple Ogiek ont été violemment évincés et des militants Ogieks ont été attaqués alors qu'ils protestaient contre l'accaparement de terres. Le peuple Ogiek figure dans l'annuaire de Minority Rights Group International (un organisme de défense des droits des minorités) sur les « peuples menacés » de génocide, d'exterminations massives et de répression violente et cette récente vague d'évincements menace la survie culturelle du peuple Ogiek. En mars 2013, la Cour africaine des droits de l'homme et des peuples a ordonné des mesures provisoires pour empêcher l'éviction des Ogieks alors que leur cause est soumise à la Cour.

MOZAMBIQUE : Esclavage du carbone

Le projet de compensation carbone dans la communauté de N'hambita, un projet REDD d'Envirotrade au Mozambique, revient à de l'esclavage carbone sur plusieurs générations. Pendant sept ans, les paysans reçoivent un paiement annuel de seulement 63 $ par famille pour planter et prendre soin d'arbres pour compenser la pollution produite en Europe et aux États-Unis, mais le contrat spécifie qu'ils doivent continuer leur travail pendant 99 ans. Si les paysans meurent, leurs enfants et leurs petits-enfants devront continuer de prendre soin des arbres gratuitement. *The Africa Report* considère que le projet N'hambita « est un exemple évident d'esclavage carbone. » De plus, les paysans « cultivent » du carbone à la place de nourriture. Selon La Via Campesina, cela nuit à la sécurité alimentaire de la région, car les paysans consacrent leur temps, leur travail et leurs terres aux arbres au lieu de leur subsistance alimentaire. Selon REDD Monitor, la Commission de vérité et de réconciliation de l'Afrique du Sud a dénoncé Robin Birley, un des deux fondateurs d'Envirotrade, « pour avoir armé et formé un groupe paramilitaire impliqué dans la déstabilisation de la première élection démocratique d'Afrique du Sud. » Un mandat d'arrêt a été lancé contre lui concernant un dépôt d'armes obtenues d'Eugene de Kock, un colonel de la police sud-africaine à l'époque de l'apartheid. Birley a aussi été « président du Mozambique Institute au début des années 1990, lequel appuyait le RENAMO, une armée soutenue par l'Afrique du Sud qui a systématiquement commis des crimes de guerre et des crimes contre l'humanité durant la guerre civile au Mozambique. » L'autre fondateur d'Envirotrade, Phillip Powell, a financé le somptueux séjour sous caution au Royaume-Uni du dictateur chilien Augusto Pinochet durant les audiences de son extradition pour crimes contre l'humanité. Néanmoins, au lieu d'être condamné, le projet N'hambita a été salué comme un modèle inspirant dans le site Web Rio 20 des Nations Unies et a obtenu une certification niveau or de la norme de l'Alliance Climat, Communauté et Biodiversité.

RÉPUBLIQUE DÉMOCRATIQUE DU CONGO : Servitude

Selon le document « The DRC Case Study: The impacts of carbon sinks of Ibi-Batéké Project on the Indigenous Pygmies of the Democratic Republic of Congo » publié par l'Alliance internationale des peuples autochtones et tribaux des forêts tropicales, les Pygmées batwa sont soumis à la « servitude » dans la plantation du puits de carbone Ibi-Batéké de la Banque mondiale. Un employé du projet a déclaré que « cette situation ne doit pas être interprétée... comme de l'esclavage. » Cette plantation d'une forêt de carbone de type REDD pour la production de bois de chauffe et de charbon est le premier projet de développement propre de la RDC et l'on prétend qu'elle contribue au développement durable et à l'atténuation des changements climatiques. La Banque mondiale l'a saluée comme un modèle pour toute l'Afrique. Cependant, des dirigeants pygmées ont maintes fois dénoncé la Banque mondiale pour avoir financé la déforestation de leurs forêts ancestrales, laquelle cause non seulement des émissions, mais viole également leurs droits, détruit leurs moyens de subsistance et cause des conflits sociaux. De plus, selon « Advance Guard », un abrégé publié par l'université des Nations Unies, « Les droits, l'expérience et les traditions culturelles et spirituelles des peuples autochtones sont ignorés. Rien n'a été fait depuis le début des consultations pour obtenir le consentement préalable des Pygmées, lequel avait été imposé comme condition dans le cadre du projet. »

RÉPUBLIQUE DÉMOCRATIQUE DU CONGO : Perdre ses droits à la forêt

Même Mickey Mouse veut participer aux REDD. Selon le Mouvement mondial pour les forêts tropicales, la société Walt Disney, Conservation International et Diane Fossey Gorilla Fund International font la promotion d'un projet REDD pilote dans la réserve de gorilles Tayna (RGT) et la réserve de primates Kisimba-Ikobo (RPKI) dans la République démocratique du Congo. À Kisimba et Ikobo, le projet REDD est développé dans un contexte de conflits sociaux provoqués par l'opposition locale à la création même de la réserve de primates Kisimba-Ikobo. La création de la réserve a mis fin aux droits coutumiers des collectivités locales sur la terre et les forêts à l'intérieur de leur territoire. Les collectivités locales comme celles des Bamates, des Batangis et des Bakumbules perdent leurs droits et le contrôle sur leurs forêts ancestrales. Les décisions liées au projet sont prises presque complètement à l'insu des collectivités locales, lesquelles sont censées être les premières à profiter du projet. Malgré leur droit à un consentement préalable, libre et éclairé, les communautés ne peuvent jouer qu'un rôle marginal dans le processus décisionnel de ce projet REDD. La situation des femmes est encore plus inquiétante, car elles sont encore moins bien informées que les hommes et ne peuvent donc pas exprimer leurs opinions ou revendications.

LIBERIA : Une arnaque carbone de plusieurs milliards de dollars

La présidente du Liberia, Ellen Johnson Sirleaf, a mis sur pied une commission pour enquêter sur un projet d'entente de crédits de carbone forestiers entre la Forest Development Authority (FDA) de ce pays d'Afrique de l'Ouest et la Carbon Harvesting Corporation du Royaume-Uni, dont l'objectif était de créer une concession de forêt de carbone couvrant environ un cinquième de l'ensemble du couvert arboré du Liberia — soit 400 000 hectares. La police de Londres a arrêté Mike Foster, PDG de la Carbon Harvesting Corporation. Global Witness a déclaré que le projet exposait le gouvernement du Liberia à un passif qui aurait pu atteindre plus de 2 milliards de dollars.

La pétrolière CHEVRON

La pétrolière CHEVRON a été poursuivie pour le meurtre de Nigérians et exécute des projets REDD avec des GARDES ARMÉS au Brésil

Une poursuite a été intentée contre Chevron pour sa participation au meurtre et aux blessures par balles et à la torture de villageois nigérians qui protestaient contre les dommages environnementaux causés par le géant pétrolier. Une cour de l'Équateur a récemment ordonné à Chevron de payer 19 milliards de dollars en dommages pour sa destruction de l'Amazonie. Et maintenant, Chevron utilise des gardes armés dans un projet de type REDD au Brésil. Chevron, The Nature Conservancy, General Motors, American Electric Power et la Society for Wildlife Research and Environmental Education ont mis en œuvre le projet d'action climatique Guaraqueçaba dans le territoire ancestral des Guaranis avec des gardes armés en uniforme appelés « Força Verde » (Force verte) qui intimident et persécutent les communautés locales ; elles emprisonnent les gens qui entrent dans la forêt et leur tirent dessus et s'introduisent de force dans les maisons privées et les fouillent sans mandat de perquisition. « ... [L]e projet a eu des effets dévastateurs sur les communautés locales... » et soulève le spectre de la militarisation des projets REDD.

ÉCOBLANCHIMENT D'ATROCITÉS COMMISES PAR SHELL

Deux des plus grands pollueurs de gaz à effet de serre de la planète, les géants pétroliers Gazprom et Shell, infâme pour le génocide du peuple Ogoni et la destruction environnementale du delta du fleuve Niger au

Nigeria, financent le projet REDD de Rimba Raya au Kalimantan central, en Indonésie. Le projet a aussi obtenu l'appui de la Fondation Clinton et l'approbation de la Compensation carbone volontaire (VSC) et de l'Alliance Climat, Communauté et Biodiversité (CCBA). Nnimmo Bassey, ancien directeur d'Environmental Rights Action (FoE-Nigeria) et lauréat du Prix Nobel alternatif, a déclaré : « Nous avons subi la destruction de communautés et de la biodiversité par Shell ainsi que les déversements de pétrole et le torchage de gaz depuis des décennies. Nous pouvons maintenant ajouter à la longue liste d'atrocités de Shell le financement du projet REDD pour l'écoblanchiment et les profits. » Oilwatch a récemment dénoncé que Shell tente d'utiliser les REDD pour « faire rôtir la planète. » Le projet REDD de Rimba Raya est plus controversé que jamais – même des promoteurs des REDD se battent les uns contre les autres. Pendant ce temps, Shell achète des forêts au Canada, les rebaptise « forêts Shell » et prétend compenser la pollution de sa raffinerie de Martinez, Californie, avec des forêts de l'État du Michigan.

NIGERIA : Persécution et criminalisation de militantes et militants

Les projets REDD contribuent déjà à la persécution et judiciarisation des militantes et militants, notamment dans l'État de Cross River, Nigeria, où la Banque mondiale, UN-REDD et l'État de la Californie prévoient réaliser des projets REDD. Odey Oyama, directeur général du Rainforest Resource and Development Centre (RRDC) dans l'État de Cross River, Nigeria, a fait l'objet de harcèlement et d'intimidation de la part d'agents de sécurité de l'État et a dû fuir sa demeure pendant plusieurs semaines en janvier et février 2013 parce qu'il s'était opposé à des activités REDD (dont le but était de soustraire plus de territoires forestiers aux communautés indigènes) et à d'autres opérations d'accaparement de terres similaires (par ex. pour l'établissement de plantations à grande échelle). « Une des activités qui m'a placé dans une situation de confrontation avec le gouvernement de l'État de Cross River au Nigeria est ma prise de position contre le programme REDD. Je rejette le programme REDD parce qu'il est axé sur l'accaparement des derniers vestiges de forêts communautaires dans l'État de Cross River au Nigeria, » a dénoncé M. Oyama.

OUGANDA : Colonialisme par le carbone

En Ouganda, un projet de plantation d'arbres pour des crédits de carbone dans le parc national Mount Elgon conçu pour compenser la pollution européenne aurait violemment évincé jusqu'à six mille personnes, notamment des membres du peuple indigène Benet, et détruit des cultures et des habitations. Le projet promu par la fondation néerlandaise FACE et l'Ouganda Wildlife Authority (UWA) vise à planter 25 000 hectares d'arbres pour supposément compenser les émissions issues du transport aérien et d'une centrale thermique au charbon de 600 MW aux Pays-Bas. En 2006, seulement 8 500 hectares avaient été plantés. Malgré les promesses d'emploi, seuls quelques emplois saisonniers avaient été créés. Des habitants du parc national et du territoire du projet de compensation carbone ont été évincés. Après une des évictions, « les personnes évincées ont été forcées de déménager dans des villages environnants où ils ont dû vivre dans des grottes et des mosquées. » Selon le compte-rendu d'un journal local, en 2004, « des gardiens de parc ont tué plus de 50 personnes. » Les communautés locales ont subi des évictions, des violations des droits de l'homme, la perte de terres, d'aliments (y compris les traditionnelles pousses de bambou malewa), de revenus et de moyens de subsistance. En 2002, le conseiller contractuel du projet de compensation carbone, la Société générale de surveillance Agrocontrol (SGS), a déclaré que pour garantir la poursuite du projet de plantation d'arbres, « il faudra évincer encore plus de gens. » L'entreprise a même recommandé que « le travail soit fait plus rapidement pour s'assurer du succès des évictions. » Les évictions du parc national se sont poursuivies alors que le projet avait obtenu la certification du Forest Stewardship Council. Selon le Mouvement mondial pour les forêts tropicales, « des gardiens de parc armés qui protègent les "arbres de carbone" à l'intérieur du parc national ont battu des villageois... ont tiré dessus, les ont exclus de leurs terres et ont confisqué leurs animaux... Le projet de "compensation" a vendu des crédits de carbone à Greenseat, une société néerlandaise qui compte parmi ses clients Amnistie Internationale, le British Council et The Body Shop. » « [D]es communautés ont délibérément détruit les arbres – qui à leurs yeux symbolisaient leur exclusion des terres qui autrefois leur appartenaient » et ont planté du maïs pour leur subsistance. En 2005, la Cour suprême a tranché en faveur des communautés et reconnu leurs droits de vivre sur leurs terres et de continuer d'y pratiquer l'agriculture.

TANZANIE : Conflit et corruption

Le gouvernement de la Tanzanie a été « appelé à résoudre des conflits fonciers entre les deux villages de Muungano et de Milola Magharibi dans le district de Lindi après que leurs résidents ont menacé de se battre pour toucher les bénéfices de projets forestiers. Les villageois rencontrés à Lindi ont récemment déclaré à The Guardian que leurs conflits fonciers ont éclaté après que le réseau Tanzania Community Forest Conservation Network (TCFCN) ait instauré un projet de conservation forestière dans la zone. La mésentente a surgi après que les organisateurs du projet eurent annoncé que le village qui conservera une grande superficie de la forêt recevra plus de fonds de la Réduction des émissions issues du déboisement et de la dégradation des forêts (REDD). »

AGRICULTURE DE TYPE REDD : LE CARBONE DU SOL – Vendre la Terre

Les projets REDD ne concernent pas seulement les forêts et les plantations d'arbres ; ils s'appliquent aussi aux sols, aux champs et à l'agriculture. Les compensations carbone agricoles, que l'on appelle aussi agriculture intelligente face au climat, pourraient menacer les collectivités, les fermes et la sécurité alimentaire, causer la faim et même aggraver les changements climatiques. Selon La Via Campesina, le mouvement paysan le plus important de la planète, « les marchés du carbone du sol pourraient aussi ouvrir la voie à des compensations pour les cultures génétiquement modifiées et à l'accaparement de terres à grande échelle pour la production de biochar, ce qui serait un désastre pour l'Afrique. L'Afrique fait déjà l'objet d'une épidémie d'accaparements de terres – et une course pour contrôler les sols en vue du commerce du carbone ne pourrait qu'empirer la situation. » « Le marché volontaire de carbone du sol ne sera qu'un autre espace de spéculation financière, et alors que les paysans ne recevront que des miettes, les spéculateurs gagneront de vrais profits. C'est simplement une autre façon pour les industries et les pays pollueurs d'éviter de vraiment réduire leurs émissions. Si nous, en tant que paysans, signons une entente sur le carbone du sol, nous perdrons notre autonomie et notre contrôle sur nos systèmes agricoles. Un bureaucrate à l'autre bout du monde, qui ne sait rien à propos de nos sols, de notre régime des pluies, de la topographie de nos terres, des systèmes alimentaires locaux, de l'économie familiale, etc., décidera

> quelles pratiques nous devrons ou ne devrons pas utiliser. Cette initiative est inséparable de la tendance néolibérale à convertir absolument tout (la terre, l'air, la biodiversité, la culture, les gènes, le carbone, etc.) en capital, lequel à son tour pourra être inséré dans un type quelconque de marché spéculatif. »

Selon l'Institut international du développement durable, « les forêts occupent une superficie d'environ 635 millions d'hectares en Afrique et comptent pour 16 pour cent de l'ensemble des forêts de la planète. Plus de 70 pour cent de la population de l'Afrique dépend de la forêt. » Étant donné l'importance centrale des forêts pour le bien-être de l'Afrique, il est urgent de mener des recherches plus détaillées sur les conséquences des REDD sur la vaste majorité de la population. Bien que la base de données du *Réseau Pas de REDD en Afrique (RPRA)* comprend des données sur un échantillon de seulement 118 projets dans 23 pays, elle suffit pour commencer à déceler d'importantes tendances.

La base de données du RPRA a notamment identifié les types suivants de projets REDD en Afrique : carbone de forêts, afforestation et reforestation (avec des essences natives ou exotiques), plantations d'arbres en monoculture, les REDD officiels, Carbone bleu ou Carbone humide (par exemple dans des terres humides ou des mangroves), agriculture intelligente face au climat (par exemple cultures vivrières, arbres fruitiers ou à noix, bois de chauffe, carbone du sol et biochar), les REDD gourmet, projets du Mécanisme de développement propre (MDP), PSE (paiements pour services environnementaux), plantations de jatropha (probablement pour la production de biocombustibles), biomasse, cadres de commerce équitable et études de faisabilité.

Les projets de la base de données comprennent plusieurs types de propriétés, dont des propriétés communautaires collectives et privées, des aires protégées, des parcs nationaux, des biosphères régionales, des aires de conservation multinationales et des corridors biologiques. Les projets sont réalisés dans une diversité d'écosystèmes terrestres et aquatiques, notamment des forêts, des mangroves, des terres humides, des fermes, des vergers, des zones côtières, des plantations et des zones arides. La taille des projets varie de petits lopins à de vastes initiatives régionales. Notons qu'un certain nombre de projets utilise des technologies de surveillance spécialisées et des capteurs distants. La technologie satellitaire est probablement aussi utilisée pour l'inventaire et la comptabilité du carbone. Le financement des projets a tendance à provenir de sources privées ou étrangères bilatérales ou multilatérales.

7

Les acteurs de REDD en Afrique

La liste ci-dessous des organisations actives dans la promotion s REDD en Afrique est loin d'être exhaustive, mais elle constitue un début. Les promoteurs des REDD en Afrique comptent dans leurs rangs nombre des grandes sociétés et agences de l'ONU présentées dans le graphique *Who Benefits from REDD ? Players and Power [Qui profite des REDD? Acteurs et pouvoir]*. Les acteurs identifiés dans la base de données incluent notamment : (notons que certains acteurs sont à la fois des bailleurs de fonds, des négociants de crédits de carbone ou des ONG.)

Pays et organisations régionales

Les pays africains et leurs ministères de l'environnement, de l'agriculture, des forêts, du tourisme, de la nature, des mines et les autorités des agences des forêts et parcs nationaux ; la Norvège, l'Union européenne, les États-Unis, l'Agence spatiale européenne (ASE), l'OSFAC (Observatoire satellitaire des forêts d'Afrique centrale) et les pays du BRICS (BRICS est l'acronyme d'une association des cinq grandes économies nationales émergentes que certains observateurs considèrent des puissances « sous-impériales » : Brésil, Russie, Inde, Chine et Afrique du Sud). Les membres du BRICS font la promotion des REDD.

Les REDD ne se développent pas uniquement au plan national ; il existe aussi des initiatives régionales sur la planche à dessin. Selon le réseau d'information REDD de la Communauté de développement de l'Afrique australe (SADC), durant la rencontre ministérielle de la SADC tenue à Windhoek, Namibie, le 26 mai 2011, les ministres de la SADC, y compris celui du Mozambique, ont approuvé un programme régional REDD pour l'Afrique australe. Le programme de soutien au programme REDD de la SADC offre un cadre complet pour que la région participe activement au marché du carbone et en tire profit. Le but du programme est de [notre traduction] « contribuer à renforcer la capacité des États membres à concevoir des politiques et des programmes REDD tout en fournissant un cadre de coopération stratégique entre les États membres sur des questions d'intérêt régional. » Les ministres responsables de l'environnement et de la gestion des ressources naturelles ont approuvé ce programme REDD , le *SADC Programme on Reducing Emissions from Deforestation and Forest Degradation (REDD)*.

Le Mozambique sert probablement de laboratoire pour les projets REDD pilotes qui seront par la suite imités par d'autres pays de la région de l'Afrique australe ainsi que dans l'ensemble du continent africain. À ce titre, il est important de suivre de près la situation au Mozambique en ce qui concerne les accaparements de terres et les projets REDD, car les autres pays africains pourraient bien suivre son exemple. Des peuples de la région résistent à ces tendances. Le Fonds forestier du bassin du Congo promeut lui aussi une coordination régionale des REDD.

Agences de l'ONU, banques et bailleurs de fonds

Banque mondiale, Fonds pour l'environnement mondial (FEM), Fonds de partenariat pour le carbone forestier de la Banque mondiale, Fonds biocarbone de la Banque mondiale, Banque africaine de développement, Programme des Nations Unies sur l'environnement (PNUE), UN-REDD, UICN (Union internationale pour la conservation de la nature), Fonds forestier du bassin du Congo (FFBC), avec des fonds de l'Union européenne, de la Norvège et d'autres ; KfW Bankengruppe, Department for International Development (Royaume-Uni), Partenariat Espagne-PNUE pour les aires protégées, Agence danoise de développement international (Danida), gouvernement de l'Allemagne, USAID, AFD/FEM – donateurs français publics, Nedbank et GTZ d'Allemagne, entre autres.

ONG, instituts et églises

WWF, Conservation International, World Resources Institute (WRI), Wildlife Conservation Society (WCS), GTZ, CARE International, Global Witness, Mouvement ceinture verte, REDDAF – REDD en Afrique, Code REDD, Envirotrade, Planet Action, Ethiopian Wetlands and Natural Resource Association (EWNRA), BCI – The Bonobo Conservation Initiative, Zoological Society of London, CED (Centre pour l'environnement et le développement), NOVATEL, Planet Survey (anciennement SNV), GFA Envest, Treedom, Nature Plus, Fondation pour le Trinational de la Sangha, GAF AG, Alternatives to Slash-and-Burn Partnership, Jadora, Développements internationaux Capno, Joint Organization of Ecologists and Friends of Nature (OCEAN), Livelihood Venture, Archidiocèse de Kikwit, BioCarbon Partners, ECOTRUST, Achats Services International (ASI), The Clinton Hunter Development Initiative, Malawi Environmental Trust (MEET), TBC, Vi Agroforestry (ViA), Wildlife Works, Inc., Tree Flights, Tany Meya Foundation, Programme holistique de conservation des forêts à Madagascar (PHCF), Institute for the Conservation of Tropical Environments (ICTE), Bioclimate, Oceanium, Wildlands, Conservation Trust, International Small Group and Tree Planting Program, Face the Future (anciennement FACE), Nature Office, VI Agroforestry,

Mpingo Conservation and Development Initiative, Vision mondiale Australie, Vision mondiale Éthiopie, A Rocha Ghana, FORM, Eco2librium, Sustainable Use of Biomass – SUB//global-woods, Carbon Green Investments Guernsey Ltd., Sable Transport, Ltd – propriétaire terrien, Etc Terra, Clean Air Corporation, Camco, Fan Bolivia, GFW, Cameroon Institute of Oceanographic and Fisheries Research, Center for Tropical Research (CTR), Climate Stewards (R.-U.), Community Forest Associations, Coordination nationale, Ecosur Afrique, PrimaKlima-Weltweit et certains fonds de pension.

Universités

Arlomom Sénégal (Université Cheikh Anta Diop University de Dakar), Université d'État de New York à Stony Brook, Université d'Édimbourg et l'Edinburgh Centre for Carbon Management, entre autres.

Sociétés

Shell Trading, Forest Stewardship Council, Disney Productions, GMbH, Safbois SPRL – compagnie forestière, une filiale de l'American Trading Company, et la « société forestière » Pallisco, entre autres.

Négociants de crédits d'émissions de carbone

Global Green Carbon Corp, Carbon Me, South Pole Carbon Asset Management Ltd., Carbon Tanzania, Envirotrade Carbon Limited, ERA Carbon Offsets Canada (ses clients incluent Shell Canada et lululemon athletica), Catalyst Paper, Harbour, HSE-Entega, Vancity, Almia, Carbon Offset et Carbon2Green Development, Ltd, entre autres.

Agents de certification

Voluntary Carbon Standard; Climate, Community and Biodiversity (CCB); MDO ; TUV-SUD (Validation de MDP) ; JACO (Validation de MDP) ; Det Norske Veritas; Scientific Certification Systems (SCS); Carbon Fix; American Carbon Registry; Rainforest Alliance Standard; Plan Vivo; Norme du Fonds biocarbone de la Banque mondiale ; Ernst & Young ; Environmental Services, Inc. (ESI), notamment.

Acheteurs de crédits de carbone des forêts africaines ou d'autres sources de carbone

Parmi les acheteurs de crédits, on trouve notamment : l'État de la Californie, le Canada (BIRD), Canada (Carbon2Green), World Bank BioCarbon Fund, UICN (Union internationale pour la conservation de la nature), l'Italie et BioCarbon (Italie), notamment.

8

Le marché du carbone : Vendre l'air de l'Afrique

Nous craignons pour l'air qui nous entoure.

Fela Kuti

On estime que le marché mondial du carbone pourrait un jour générer de 1 à 3 billions de dollars par an.[1] En 2010, il aurait atteint 120,9 milliards.[2] Certains observateurs spéculent que les crédits de carbone pourraient même remplacer le dollar US en tant que nouvelle monnaie mondiale.[3] Même la Banque mondiale ne pense pas que cette idée soit invraisemblable : « Vous pouvez imaginer un monde futur dans lequel le carbone est vraiment la monnaie du 21e siècle. »[4]

Deux « bourses du carbone » africaines transigent déjà des compensations carbone « faites en Afrique » : l'African Carbon Exchange (ACX)[5] au Kenya et l'African Carbon Credit Exchange (ACCE) (accessed 2011)[6] en Zambie. Ces bourses espèrent tirer profit des compensations carbone générées en Afrique,[7] que ce soit dans le cadre du Mécanisme de développement propre (MDP) ou des REDD. À la COP17 de la CCNUCC en décembre 2011, il n'y avait pas de volonté politique de créer une deuxième période d'engagement pour le protocole de Kyoto, le seul cadre juridiquement contraignant de réduction des émissions de gaz à effet de serre (GES) (un protocole déjà très défectueux à

1. Public Radio International, http://www.loe.org/shows/
segments.htm?programID=09-P13-00023&segmentID=3

2. Think Africa, 24 mars 2011 http://thinkafricapress.com/environment/commodification-kenya-africa-carbon-exchange (accessed 2011)

3. Commodity Online, « Carbon credits to replace US $ as global currency » http://www.ibtimes.com/
carbon-credits-replace-us-global-currency-376301, Jillian Button, Carbon: Commodity Or Currency?
The Case For An International Carbon Market Based On The Currency Model
http://www.law.harvard.edu/students/orgs/elr/vol32_2/Button%20Final%20Final.pdf

4. REDD Monitor, « Climate change at the World Bank: 'You can imagine a future world where carbon is really the currency of the 21st century.' » http://www.redd-monitor.org/2013/10/11/climate-change-at-the-world-bank-you-can-imagine-a-future-world-where-carbon-is-really-the-currency-of-the-21st-century/

5. « The Africa Carbon Exchange: the Commodification of the Environment–Kenya opens Africa's first carbon exchange, » Beatrice Gachenge, Think Africa, 24 mars 2011 http://thinkafricapress.com/
environment/commodification-kenya-africa-carbon-exchange

6. Africa Carbon Credit Exchange, « Welcome to ACCE » http://www.africacce.com/

7. Voir Trusha Reddy et coll. Carbon Trading in Africa, http://www.issafrica.org/uploads/
Mono184.pdf

cause d'importantes échappatoires et de l'inclusion du commerce du carbone). Cependant, la COP17 a permis la poursuite et même l'expansion du Mécanisme de développement propre (MDP), un mécanisme d'échange de carbone qui a pour effet principal de sous-traiter aux pays du Sud l'obligation des pays industrialisés de réduire leurs émissions à la source. Ainsi, la COP17 a conservé la coquille du protocole de Kyoto sans les engagements d'atteindre les cibles de réduction des émissions de GES, mais avec une augmentation du MDP, dont beaucoup de projets ont déjà causé des violations des droits de l'homme et la destruction de l'environnement.[8]

En plus de l'African Carbon Exchange et de l'African Carbon Credit Exchange, il existe une foire commerciale annuelle pour la vente d'air africain, le Forum africain du carbone,[9] qui jouit de l'appui du Programme des Nations Unies pour l'environnement (PNUE).[10] Il y a aussi un projet de créer une bourse au Sénégal exclusivement pour les crédits REDD. L'Anglo African Energy Group, tristement célèbre à cause de sa destruction environnementale, « cherche à développer une bourse basée au Sénégal où des compensations forestières pourraient être échangées.[11] » Des criminels du climat comme Shell Oil, qui a causé un écocide dans l'Ogoniland dans le delta du fleuve Niger, achètent déjà l'air africain. En 2014, un reportage de Reuters a informé que Shell Trading achetait des crédits carbone du Burundi et de l'Ouganda offerts par Ecosur Afrique, laquelle affirme qu'elle a 20 projets MDP inscrits en Afrique subsaharienne, ce qui en fait le premier promoteur de la région.[12]

Les pays industrialisés pourraient atteindre sans difficulté une bonne partie de leurs cibles de réduction d'émissions avec des crédits de compensation REDD bon marché.[13] Selon *The Economist*, les REDD « exerceront une pression à la baisse sur les prix. Les sociétés pourraient alors se procurer des crédits bon

8. Voir la section intitulée « Snapshots of Carbon Colonialism » dans Indigenous Peoples' Guide : False Solutions to Climate Change, Indigenous Environmental Network http://www.earthpeoples.org/ CLIMATE_CHANGE/Indigenous_Peoples_Guide-E.pdf

9. Forum africain du carbone – 2014 www.africacarbonforum.com Le Forum africain du carbone « est une foire commerciale et une plateforme de partage de connaissances pour les investissements carbone en Afrique. C'est un espace pour discuter des derniers développements dans le marché du carbone et de comment le mécanisme de développement propre (MDP) et d'autres mécanismes d'atténuation peuvent réussir en Afrique. Le Forum africain du carbone inclut des sessions de mise en relation dans lesquels les développeurs de projets de carbone peuvent exposer leurs projets aux investisseurs et aux acheteurs de carbone. » [notre traduction] http://africanclimate.net/en/node/7166

10. « UNEP's role in ACF; CDM: Africa Carbon Forum 2014 » du 2 au 4 juillet, Namibie, cdm.unfccc.int/CDMNews/issues/issues/I_BDWRR6BW54WNWPX (accessed 2014). Le sixième Forum africain du carbone a eu lieu à Windhoek, République de Namibie, du 2 au 4 juillet 2014 pour appuyer la participation de l'Afrique aux marchés mondiaux du carbone, 14 juillet 2014, Mail Guardian, Afrique du Sud. http://africacarbonforum.com/about

11. « Firm targets US buyers with African REDD credits, » Point Carbon, publié le 20 juillet 2009 19 h 59 CET

12. Reuters, « Three firms buy 510,000 African carbon credits in H1 2014, » Michael Szabo http://www.reuters.com/article/2014/07/09/carbonoffset-africa-deals-idUSL6N0PK3J020140709

13. Ibid.

marché et continuer comme si de rien n'était plutôt que de couper leurs propres émissions.[14] » C'est simplement « un commerce de vent.[15] » Les pays industrialisés pourraient compenser la majeure partie de leurs émissions avec les mécanismes REDD. Ainsi, en plus de ne pas réduire les changements climatiques, ils aggraveraient le problème, ce qui causerait « la cuisson du continent[16] » et une incinération soutenue de l'Afrique.[17] Même les auteurs qui appuient REDD, qui veulent que l'Afrique obtienne plus de fonds carbone, notent que les REDD pourraient alimenter des conflits et nuire aux paysans et aux peuples autochtones en Afrique comme l'a documenté le *Réseau Pas de REDD en Afrique*. Selon le rapport *Challenges and Prospects for REDD in Africa*, « l'on craint qu'un groupe de joueurs influe sur les revenus des projets REDD au détriment de collectivités vulnérables… Les REDD risqueraient alors d'exacerber les conflits liés à la propriété foncière et à l'accès aux ressources de la forêt.[18] »

L'expansion vertigineuse de la portée des REDD

La Banque mondiale fait la promotion d'un projet de crédits carbone au Kenya avec 60 000 petits paysans qui vise à réduire l'utilisation de pesticides, à encourager les pratiques agricoles durables et à vendre les crédits carbone ainsi générés. Selon la *Global Alliance against REDD*, les REDD pourraient entraîner une contre-réforme agraire.[19] Les conséquences de l'agriculture intelligente face au climat pour les paysans et la souveraineté alimentaire incluent l'expropriation non seulement de la terre, mais aussi la marchandisation, la perversion, la privatisation et le brevetage de systèmes complets de savoirs agricoles durables et biologiques.[20] C'est également une façon de détourner l'attention des quantités massives d'émissions de carbone produites par l'agriculture industrielle et

14. The Economist : http://www.economist.com/opinion/displaystory.cfm?story_id=13829421

15. The Economist : « Trading Thin Air » http://www.economist.com/displaystory.cfm?story_id=9217960

16. Bassey, Nnimmo, To Cook a Continent. Pambazuka Press, Oxford 2012.

17. « The Incineration of Africa » « La science considère que les caractéristiques géophysiques du continent africain le rendent susceptible de se réchauffer une fois et demi la moyenne mondiale. African Agenda avertit que selon l'ambassadeur Lumumba Di-Aping du Soudan, tout réchauffement au-delà d'un seuil critique aura pour effet "d'incinérer l'Afrique." » [notre traduction] http://www.socialwatch.org/node/13887

18. « Challenges and Prospects for REDD in Africa », pp. 50 et 55 http://www.start.org/Publications/REDD_Report.pdf

19. « No REDD in Rio 20 – A Declaration to Decolonize the Earth and the Sky, » Global Alliance of Indigenous Peoples and Local Communities on Climate Change against REDD and for Life, http://www.redd-monitor.org/2012/06/19/no-redd-in-rio-20-a-declaration-to-decolonize-the-earth-and-the-sky/

20. Tout comme le droit d'une ferme de se déclarer biologique a été marchandisé, privatisé et exproprié par le ministère de l'Agriculture des États-Unis au profit de l'agrobusiness sous prétexte de réglementer et de certifier les produits biologiques.

l'agrobusiness, notamment dans le Nord, et de faire porter le fardeau de réduire les émissions par les paysans du Sud.[21]

L'agriculture intelligente face au climat pourrait être particulièrement néfaste pour les femmes qui produisent jusqu'à 80 % de la nourriture dans certains pays africains. Les accaparements de terres et les évictions que les REDD risquent de causer pourraient compliquer considérablement la tâche des femmes de nourrir leurs familles. De plus, puisque les femmes détiennent rarement le titre de propriété des terres qu'elles cultivent, il n'est pas facile pour elles de contester les accaparements de terres. L'Assembly of Rural Women of Southern Africa (Assemblée des femmes rurales d'Afrique australe) n'a pas tardé à condamner les REDD et l'utilisation des sols en tant que puits de carbone.[22] De plus, « l'objectif d'étendre les marchés du carbone aux sols africains revient donc à transférer le blâme et la responsabilité de combattre les changements climatiques des pays riches aux paysans africains, même si ces derniers ne les ont pas causés. »[23]

21. « Clear as Mud, Why agriculture and soils should not be included in carbon offset schemes, » The Gaia Foundation, avril 2011.

22. « Rural Women's Assembly of Southern Africa Statement to COP17 Leaders, » http://ggjalliance.org/node/897 et pancartes et messages sur des chapeaux portés par les femmes lors de la marche de la société civile contre le commerce du carbone des sols à Durban, Afrique du Sud durant la COP17.

23. Ibid.

9

Les REDD stimulent l'accaparement des terres en Afrique

Les accaparements de terre se multiplient en Afrique. Le professeur Patrick Mugo Mugo, associé de recherche en sécurité alimentaire et développement communautaire, blâme « la ruée sur la demande croissante de terres fertiles qu'acquièrent un nombre limité d'entreprises qui cherchent à cultiver des plantes pour la production de biocombustibles et, tendance nouvelle, à combler les besoins en crédits de carbone une activité maintenant devenue.[1] » D'autres experts avertissent que « trois quarts de la population de l'Afrique et deux tiers de ses terres sont à risque.[2] » En Afrique, les accaparements de terres entravent le développement durable. Rights and Resources Initiative note que :

Deux tiers du total de 203 millions d'hectares de terres sur la planète qui ont fait l'objet de marchés de 2000 à 2010 sont des terres africaines. Ces acquisitions dépossèdent des millions d'Africaines et Africains de leurs terres pour faire place à l'expansion des forêts, des projets miniers et des plantations… Mais les efforts internationaux de développement durable menacent eux aussi ces zones. Les biocombustibles sont fabriqués à partir de cultures souvent plantées sur des terres auparavant occupées par des forêts ou des marais, et les projets de compensation carbone peuvent causer l'expulsion de populations qui vivent dans les régions boisées achetées en échange de crédits de carbone… [L]e marché de carbone volontaire… dépossède les gardiens locaux de leurs terres. Par exemple, Green Resources, une société forestière basée à Oslo, a acheté des centaines de milliers d'hectares de forêts au Mozambique, menaçant la sécurité alimentaire et les moyens de subsistance des populations locales en leur bloquant l'accès à leurs propres terres et sources d'aliments traditionnels. Cette société a également étendu ses activités en Ouganda, en Tanzanie et au Sud-Soudan. Le projet de compensation carbone d'une firme néerlandaise dans le parc national Mount Elgon en Ouganda est devenu invendable après un long conflit avec des paysans locaux qui contestaient le droit à la terre de la firme [notre traduction].[3]

1. Mugo Mugo, Patrick, « Africa for Sale: The Land Grab Landmine, » http://www.monitor.upeace.org/innerpg.cfm?id_article=877

2. Nayar, Anjali, « African land grabs hinder sustainable development, » http://www.nature.com/news/african-land-grabs-hinder-sustainable-development-1.9955

3. Ibid.

Il y a une corrélation directe entre l'accaparement des terres en Afrique et la politique climatique émergente basée sur les compensations carbone dans les pays du Nord et à l'ONU. Même *Point Carbon,* une publication pour négociants de crédits de carbone, a reconnu que « la simple perspective de crédits de déforestation qui pourraient bientôt être reconnus par les États-Unis dans une nouvelle loi sur le climat a suffi pour déclencher un mouvement d'accaparement de terres REDD en Afrique centrale.[4] »

Pour comprendre comment les REDD deviennent un moteur important d'accaparements massifs de terres passés et actuels en Afrique, il est bon d'identifier deux phases distinctes de ce processus. Dans la première phase, les terres étaient accaparées principalement pour en faire des plantations et produire des cultures d'exportation et des biocarburants agricoles. Dans la deuxième phase, les terres étaient accaparées pour ces motifs ainsi que pour toucher des crédits carbone et exécuter des projets REDD. Mais puisque la portée des REDD s'est étendue pour inclure les plantations, les sols, l'agriculture et tous les paysages et écosystèmes, toutes les terres accaparées au cours de la première phase peuvent maintenant aussi être considérés des projets REDD. Par exemple, au Mozambique, « de vastes plantations existantes dans les provinces de Niassa et de Nampula tirent aussi profit de REDD et du Mécanisme de développement propre, en obtenant la certification de puits de carbone, et génèrent ainsi plus de profits pour les investisseurs.[5] »

De plus, il existe des incitatifs financiers, politiques et juridiques, car si une plantation d'arbres ou une ferme de fleurs destinées à l'exportation ou une entreprise de biocarburants à base de jatropha obtient des crédits REDD, elle ajoute une source additionnelle de revenus, de subventions, de reconnaissance légale et de certification et peut même se dissimuler avec la soi-disant légitimité de contribuer à sauver la planète.

Première phase des accaparements de terres

- Plantations
- Monocultures agricoles d'exportation
- Agrocarburants

Deuxième phase des accaparements de terres

- Plantations, cultures d'exportation et d'agrocarburants
- Conversion des accaparements de la première phase en projets REDD
- REDD (tous les paysages et écosystèmes)

4. Point Carbon, « Firms Targets US Buyers with African REDD credits, » 20 juillet 2009 http://www.pointcarbon.com/news/1.1166150 (accessed 2013)

5. International Institute for Environment and Development, Nhantumbo, Isilda, « REDD in Mozambique: new opportunity for land grabbers? » http://www.iied.org/blogs/redd-mozambique-new-opportunity-for-land-grabbers.

- REDD-ification de l'Afrique et accaparement du continent pour le colonialisme du carbone

Ainsi, les REDD renforcent simultanément les accaparements de terres passés en les rendant plus rentables, légaux et légitimes ; stimule les accaparements de terres pour l'obtention de crédits de carbone ; et encourage aussi des nouveaux accaparements de terres pour ces autres activités « REDD-ifiables. » De vastes superficies de terres africaines sont considérées comme « inutilisées » et « dégradées » pour légitimer les accaparements de terres. En Tanzanie, par exemple, « le projet de stratégie nationale de REDD classe 49 % des forêts dans la catégorie terres générales en alléguant que "le terme terres générales ici signifie toutes les terres publiques autres que les terres de réserve ou terres villageoises y compris les terres villageoises inoccupées ou inutilisées". » Dans le même document, on affirme aussi : « Les forêts des terres générales sont "à accès libre," leur régime de propriété n'est pas garanti, et elles sont soumises à l'agriculture itinérante, aux feux de brousse annuels, à la récolte de bois de chauffe, de poteaux et de bois de construction, et à de fortes pressions pour qu'elles soient converties à d'autres usages comme l'agriculture, l'élevage, les colonies de peuplement et le développement industriel. » De manière confuse, dans ces deux définitions, les terres que les communautés utilisent pour l'agriculture, la récolte de produits forestiers, l'élevage et même les établissements humains sont considérées des « terres inutilisées.[6] »

The Ecologist indique que l'absence d'une définition claire de ce que sont les forêts constitue un : « obstacle majeur dans la lutte pour protéger les forêts tropicales. » Des définitions ambiguës de ce qu'est une forêt mettent en doute le succès futur des programmes de protection des forêts et permettent aux sociétés forestières de détruire les habitats riches en biodiversité. « L'absence actuelle de définition fonctionnelle de ce que sont les forêts et les terres dégradées ne fait qu'avantager les sociétés forestières, affirment les défenseurs des forêts. Les sociétés prétendent qu'ils développent "uniquement des terres dégradées" de manière responsable, mais en fait, cela peut vouloir dire qu'ils défrichent des forêts et des tourbières.[7] »

Selon Isilda Nhantumbo, une experte mozambicaine de l'International Institute for Environment and Development, un institut qui appuie les REDD, et une ancienne consultante auprès de la Banque mondiale, les REDD pourraient créer des générations de sans terres. « REDD impulse maintenant une ruée vers les terres au Mozambique… Le capital britannique veut "investir" dans des projets REDD . La superficie totale couvre 150 000 km2, soit l'équivalent de 15 millions d'hectares ou 19 % de la superficie du pays. La sélection d'aires pour

6. « REDD for Communities and Forests et al, A one-step guide to making the national REDD strategy more pro-poor. » http://www.tfcg.org/pdf/
MJUMITA%20and%20TFCG%20Policy%20Brief%20on%20Land%20Issues%20and%20REDD.pdf
7. Voir http://www.theecologist.org/News/news_analysis/640908/
lack_of_forest_definition_major_obstacle_in_fight_to_protect_rainforests.html

cet "investissement privé était basée sur les projets pilotes REDD proposés. » Mme Nhamtumbo demande : « Est-ce que j'assiste à la naissance de générations de sans terre au Mozambique et dans l'ensemble de l'Afrique ?[8] »

Cette question mérite d'être posée. Les négociants d'émissions de carbone ont présenté des demandes d'obtention de droits sur un tiers du Mozambique pour vendre des crédits REDD.[9] Plus de 40 % des forêts du Cameroun – soit presque 20 % de la superficie totale du pays – pourraient faire l'objet de projets REDD.[10] Une arnaque au carbone milliardaire a failli accaparer 20 % des forêts du Liberia.[11] Selon Reuters, un négociant d'émissions de carbone australien a prétendu avoir signé un contrat REDD sur l'ensemble du territoire national de la République démocratique du Congo, soit 2 345 000 kilomètres carrés[12]; ce contrat a par la suite été déclaré illégal. Cet incident illustre la malhonnêteté et l'ambition de certains négociants du carbone.[13] Bien que ces pourcentages soient énormes, ils représentent peut-être simplement la partie émergée de l'iceberg REDD étant donné la pratique courante dans ce milieu de ne pas divulguer les marchés conclus. La quantité réelle de terres accaparées pour le commerce du carbone pourrait être encore plus grande.

8. Nhantumbo, Isilda, « REDD in Mozambique: new opportunity for land grabbers? » http://www.iied.org/blogs/redd-mozambique-new-opportunity-for-land-grabbers

9. http://www.cip.org.mz/bulletin/en/; http://cipmoz.org/index.php/pt/ (accessed 2011)

10. Ces estimations sont probablement basses. Il y a au moins 8 905 978 hectares, soit 89 059,78 km2 de projets de type REDD actifs, proposés ou complétés au Cameroun. Ce pays possède 199 160 km2 de forêts, de sorte que les projets REDD couvrent une superficie égale à 44,7 % de l'ensemble des forêts du Cameroun et touchent au moins 18,7 % de l'ensemble du territoire national.

11. Mongabay, « Massive Carbon Scam Alleged in Liberia » [notre traduction] « Un reportage de Global Witness indique que la présidente du Liberia Ellen Johnson Sirleaf a établi une commission pour enquêter sur une proposition d'entente de crédit de carbone forestier entre la Forest Development Authority (FDA), une organisation du gouvernement de ce pays d'Afrique de l'Ouest, et la Carbon Harvesting Corporation basée au Royaume-Uni… qui vise à prendre le contrôle d'environ un cinquième de toutes les superficies de forêt du Liberia – 400 000 hectares – dans le cadre d'une concession de carbone forestier. La Police à Londres a arrêté Mike Foster, PDG de Carbon Harvesting Corporation la semaine dernière. » http://news.mongabay.com/2010/0610-carbon_scam_liberia.html

12. REDD Monitor, « Shift2Neutral's big REDD deal in the Democratic Republic of Congo » http://www.redd-monitor.org/2010/08/27/shift2neutrals-bigredd-deal-in-the-democratic-republic-of-congo/

13. REDD Monitor, « Shift2Neutral Agreement in DRC "illegal" » http://www.redd-monitor.org/2010/10/06/shift2neutral-agreement-in-dr-congo-illegal/

10

L'agriculture intelligente face au climat est stupide !

Les REDD paysages incluent les champs, les fermes, les forêts et l'agriculture intelligente face au climat. L'agriculture intelligente face au climat génère des crédits de carbone à partir de l'agro-industrie dépendante des combustibles fossiles, des « cultures adaptées au climat, » des OGM, des agrocombustibles, des plantations de sucre et de soja et d'autres pratiques agricoles destructives.

Selon Doreen Stabinsky, professeure de politique environnementale mondiale, « 'l'agriculture intelligente face au climat' est une piètre tentative d'écoblanchir l'agriculture industrielle – une tâche certes difficile étant donné que la production et utilisation d'engrais ainsi que l'élevage industriel de bœufs génèrent des quantités phénoménales de gaz à effet de serre. Plus de 100 organisations de la société civile et paysannes des quatre coins de la planète rejettent vivement une nouvelle initiative des États-Unis, la Global Alliance on Climate-smart Agriculture.[1]

Selon La Via Campesina, le plus grand mouvement paysan de la planète, « des marchés du carbone du sol pourraient aussi ouvrir la voie à l'accaparement de terres à grande échelle pour la production de cultures transgéniques ou de biochar. » Le biochar est du charbon utilisé comme amendement du sol. Comme beaucoup de charbon, il est fabriqué par pyrolyse à partir de la biomasse. Certains font la promotion du biochar en tant que méthode de séquestration du carbone. Cependant, pour appliquer cette solution à grande échelle, il faudrait créer de vastes plantations en monoculture d'arbres à croissance rapide afin d'obtenir la matière première requise. Peter Reed, un expert en énergie de la Nouvelle-Zélande a créé le terme « biochar » en 2005. Il a estimé qu'une superficie de 1,4 milliard d'hectares devrait suffire. Mais c'est un peu plus que la superficie de toutes les terres arables de la planète ! L'Afrique subit déjà une épidémie d'accaparements de terres – une course pour s'emparer des sols en vue du commerce et de la séquestration du carbone ne ferait qu'empirer la situation.

En mai 2009, le Fonds forestier du bassin du Congo a annoncé la première,

---

1. Doreen Stabinsky, professeure de politique environnementale mondiale au College of the Atlantic, à Bar Harbor, Maine 23 septembre 2014. Commentaire sur l'agriculture intelligente face au climat et le Sommet de l'ONU sur le climat.

et à ce jour la seule, subvention REDD pour l'utilisation de biochar, c.-à-d. du charbon fin amendé à des sols agricoles. La subvention de 338 000 € a été accordée dans la République démocratique du Congo au projet « Cesser progressivement l'agriculture sur brûlis avec le biochar. » Le projet a été lancé par une « organisation belge à but social lucratif » du nom de Biochar Fund, conjointement avec ADAPEl, un partenaire local. Selon le site Web du Fonds forestier du bassin du Congo (FFBC), le projet « remplacera l'agriculture sur brûlis » parce que le biochar « maintient la fertilité du sol et constitue un puits de carbone stable et facile à mesurer. Le biochar enrichit ainsi le sol et le rend plus productif, ce qui réduit la pression pour défricher les terres boisées. L'utilisation des résidus de culture pour produire le biochar génère également de l'énergie renouvelable à faible coût, ce qui réduit la demande locale en bois de cuisson. » Aucun essai scientifique sur le terrain n'a confirmé ces affirmations… La subvention du FFBC à ce projet de biochar a été non seulement une « première » quant au financement du biochar, mais aussi la seule subvention du FFBC à appuyer une technologie ou une pratique qui prétend séquestrer le carbone dans le sol. Les crédits de carbone pour la séquestration de carbone dans le sol sont un des buts que poursuit la Banque mondiale à Durban et au-delà.

« Le marché volontaire de carbone du sol sera un autre espace de spéculation financière et alors que les paysans recevront des centimes, les spéculateurs engrangeront des profits faramineux. Ce n'est rien de plus qu'une autre façon pour les industries et les pays pollueurs d'éviter d'effectuer de véritables réductions d'émissions. Si nous, en tant que paysans, nous signons une entente de carbone du sol, nous perdrons notre autonomie et contrôle sur nos systèmes agricoles. Ce projet est inséparable de l'idéologie néolibérale qui convertit absolument tout (la terre, l'air, la biodiversité, la culture, les gènes, le charbon, etc.) en capital, lequel à son tour peut être placé dans un type quelconque de marché spéculatif.[2] »

Une nouvelle forme de colonialisme

Le *Réseau Pas de REDD en Afrique* a, dès sa création, déclaré que « les REDD ne sont plus seulement une fausse solution, mais une nouvelle forme de colonialisme, de domination économique, d'appauvrissement et un moteur d'accaparement de terres si massif qu'il pourrait toucher le continent au complet.[3] » De nombreux mouvements sociaux, universitaires et analystes s'entendent pour dire que dans le document « NO REDD ! in RIO 20 – A Declaration to Decolonize the Earth and the Sky, » la Global Alliance against REDD (Alliance mondiale contre REDD) n'a pas mâché ses mots :

« Après plus de 500 ans de résistance, nous, les peuples autochtones, les communautés locales, les paysans, les pêcheurs et la société civile, nous ne

---

2. La Via Campesina, Call to Durban, http://www.redd-monitor.org/2011/09/17/our-carbon-is-not-for-sale-via-campesina-rejects-redd-again/

3. http://www.no-redd-africa.org/images/pdf/Reseau contre REDD en Afrique - press release.pdf

sommes pas dupés par la soi-disant économie verte et REDD parce que nous reconnaissons le colonialisme lorsque nous le voyons. Peu importe ses déguisements cyniques et les mensonges effrontés, le colonialisme termine toujours avec le viol et le pillage de la Terre Mère, et l'esclavage, la mort, la destruction et le génocide de ses peuples.[4] »

Kathleen McAfee, auteure de *The Contradictory Logic of Global Ecosystem Services Markets*, convient que les efforts de conservation fondés sur le marché répéteront la tendance historique de pillage colonialiste en extrayant la richesse du Sud mondial rural et en la concentrant dans les places financières du Nord. « L'application du modèle du marché aux politiques de conservation internationales, dans lequel les incitatifs au profit dépendent de coûts d'opportunité différentiés, aura pour effet un transfert net de la richesse vers le haut, des classes pauvres aux classes riches et des régions rurales aux places financières éloignées où s'accumule le capital, principalement dans le Nord mondial.[5] »

L'article de Sarah Bracking, « How do Investors Value Environmental Harm/Care? Private Equity Funds, Development Finance Institutions and the Partial Financialization of Nature-based Industries, » présente des perspectives sur l'accumulation du capital grâce à la nature et à la séquestration du carbone en Afrique.

« Les fonds de capitaux privés, pour la plupart établis dans des paradis fiscaux, sont les principaux investisseurs des économies d'Afrique axées sur l'exploitation des ressources. Certains des investissements effectués par ces fonds sont spéculatifs et basés sur la perception que la valeur "future" de la biodiversité, des biocarburants, de la terre, de la séquestration de carbone et des minéraux stratégiques sera élevée. Cependant, les fonds de capitaux privés investissent également massivement dans les mines, l'énergie et les infrastructures, lesquelles génèrent aussi de la richesse du monde non humain ; il s'agit de "vieux" marchés aux côtés des "nouveaux" marchés de produits découverts basés sur la nature... [C]es instruments calculés aident à légitimer les fonds de capitaux privés en tant que leaders institutionnels de structures de pouvoir préexistantes qui exploitent les ressources naturelles en Afrique pour le compte des détenteurs de capitaux. Ces propositions correspondent en gros aux dimensions technique, empirique et théorique d'un arrangement sociotechnique qui s'applique à l'accumulation fondée sur la nature, laquelle, dans l'ensemble, constitue un processus politique de financiarisation.[6] »

---

4. NO REDD ! in RIO 20 – A Declaration to Decolonize the Earth and the Sky, Global Alliance of Indigenous Peoples and Local Communities on Climate Change against REDD and for Life
http://www.redd-monitor.org/2012/06/19/no-redd-in-rio-20-a-declaration-to-decolonize-the-earthand-the-sky/
5. McAfee, Kathleen « The Contradictory Logic of Global Ecosystem Services Markets »
http://www.academia.edu/1625838/The_Contradictory_Logic_of_Global_Ecosystem_Services_Markets
6. Bracking, Sarah, How do Investors Value Environmental Harm/Care? Private Equity Funds,

Development Finance Institutions and the Partial Financialization of Nature-based Industries, http://www.osisa.org/sites/default/files/schools/development_and_change_2012.pdf (accessed 2013)

11

Carbone bleu et carbone humide

Les projets REDD touchent aussi les mangroves, les terres humides, les océans et les aires marines protégées. L'initiative carbone bleu du Programme des Nations Unies pour l'environnement indique dès le départ que les océans stockent environ 93 % du dioxyde de carbone de la planète[1] et devraient être inclus dans les marchés du carbone. Le « carbone bleu » se réfère à l'utilisation du plancton, des herbiers marins, des algues et des mangroves des océans en tant que puits qui séquestrent le carbone pour générer des crédits de carbone.

Le « carbone humide » concerne un traitement similaire appliqué aux terres humides. En 2009, selon le WWF, le Fonds Danone pour la nature, un partenariat du Groupe Danone, de l'UICN et de RAMSAR a lancé une initiative pour financer des projets qui conservent et rétablissent les terres humides – des sites de soi-disant carbone humide – pour compenser les émissions de carbone de certaines marques de Danone (par ex. Évian). Le fonds a déjà appuyé un premier projet pilote de plantation de mangroves au Sénégal. Ainsi, une société qui privatise et embouteille l'eau potable privatise également des écosystèmes aquatiques. WWF a aussi l'œil sur les belles côtes du Mozambique en tant que puits de carbone et veut utiliser les REDD et les marchés du carbone pour financer les aires protégées et les parcs nationaux conjointement avec la vente d'autres services environnementaux.[2] *Blue Carbon : The Opportunity of Coastal Sinks for Africa* montre que toute l'Afrique, que ce soit ses terres, ses mers ou son eau, peut être utilisée comme une éponge pour absorber les émissions de carbone.[3]

Toute stratégie de protection de l'Afrique contre les REDD et les fausses solutions aux changements climatiques devrait surveiller divers plans de séquestration du carbone, dont les plans de captage et de stockage du carbone (CCS) qui pourraient inclure des tentatives de pompage du CO2 dans le fond des océans ou dans le sol. Il est crucial de noter que le carbone bleu et le carbone humide sont sans aucun doute liés à des accaparements d'eau et à la privatisation de l'eau. En fait, de plus en plus, les analystes se demandent si les accaparements

1. *The Mercury*, « Between the devil and the deep blue sea, » 20 octobre 2009, Édition 1
2. WWF, « Feasibility Study: Sustainable Financing of Protected Areas in Mozambique, » p.25.
3. Chevallier, R. 2012. « Blue Carbon: The Opportunity of Coastal Sinks for Africa. » Policy Briefing 59, Governance of Africa's Resources Program, SAIIA. http://bluecarbonportal.org/?p=9172

de terres africaines ne sont pas en réalité une couverture pour l'accaparement de l'eau. La discussion ci-dessous sur les REDD Gourmet aborde ces accaparements qui se chevauchent et mentionne l'exemple des REDD Gourmet dans la région du lac Nyassa.

L'accaparement bleu en Afrique

Mary Galvin[4]

La vague d'accaparements de terres au cours des dernières années a été massive. Ces acquisitions de terres à grande échelle ont des conséquences sérieuses pour l'agriculture, l'écologie et la transformation du monde rural. Les populations sont dépossédées et souvent disloquées et l'emploi est affecté négativement.

Depuis 2011, plus de 45 millions d'hectares ont été accaparés en Afrique (estimation conservatrice de la Banque mondiale) pour des projets de mines, de foresterie, d'agrobusiness, de biocarburants et de conservation/ tourisme, même si en Afrique, le principal intérêt des grands pays accapareurs comme la Chine et l'Inde est l'agriculture. Encore une fois, cela laisse à penser que les pays du BRICS (Brésil, Russie, Chine, Inde et Afrique du Sud) sont les moteurs d'une nouvelle ruée vers l'Afrique. Les crises financière, alimentaire et énergétique ont pour effet de créer des pressions pour trouver des projets rentables pour la finance, produire de la nourriture pour les pays en croissance comme la Chine et l'Inde, et produire de l'énergie avec les biocarburants. Et l'eau est l'élément clé dans chacun de ces domaines.

Dans un contexte où les droits fonciers ne sont pas formalisés et que la croissance démographique signifie qu'il y a une situation de concurrence pour des ressources rares, la Banque mondiale et le FMI ont de la latitude pour présenter l'acquisition (l'accaparement) de terres comme une « opportunité de développement » et beaucoup de gouvernements africains répondent positivement. Ces derniers sont contents d'obtenir des fonds d'investissement. Ils offrent de louer des terres sur une période de 99 ans à un prix dérisoire, et donnent des exemptions d'impôt. Les informations sur ces marchés sont compilées à partir de plusieurs sources dans une matrice foncière, qui peut donner une idée générale de la situation, mais n'incluent pas nombre de marchés encore en négociation ou conclus avec des entités locales. Selon cette matrice, le Mozambique et l'Éthiopie sont aujourd'hui les pays africains avec le nombre le plus élevé de marchés et de superficies accaparées. Même en Ouganda, où les acquisitions de terres par des étrangers sont illégales depuis l'expulsion des Asiatiques en 1969, 13 pour cent des terres agricoles ont été accaparées en utilisant des baux et des

4. http://canadians.org/blog/blue-grabbing-africa

personnes juridiques locales appartenant au capital indien. Des pays comme la Zambie ont maintenant établi des plafonds sur les acquisitions de terres.

L'Afrique du Sud en revanche est une puissance régionale et un membre du BRICS qui appuie pleinement ses entreprises d'agrobusiness. La société sud-africaine AgriSA a signé le plus gros marché africain à ce jour qui couvre une superficie de 10 millions d'hectares, soit environ deux fois la taille de la Suisse, bien que seulement 200 000 de ces hectares ont jusqu'à maintenant été utilisés pour la production agricole. L'Afrique du Sud est donc un acteur important africain avec l'Égypte et la Libye. Nous sommes ici loin de la logique typique d'accaparements de terres des pays du Sud par des puissances du Nord. Ce marché a atteint cette ampleur grâce à la signature d'ententes bilatérales entre le gouvernement d'Afrique du Sud et plusieurs pays africains. Les sociétés d'agrobusiness sud-africaines, avec le soutien de Pretoria, ont 27 marchés de terres inscrits en Afrique australe et de l'Est.

Un des principaux domaines de l'accaparement sud-africain concerne l'industrie sucrière, dont le principal acteur est la société Illovo Sugar (la SADC, Communauté de développement de l'Afrique australe, compte parmi les 15 premiers producteurs de sucre de la planète). Le sucre est produit pour répondre à la demande croissante de la communauté, alors que le marché des pays africains augmente de deux pour cent en moyenne par année. Mais de la biomasse est aussi utilisée pour la production de l'éthanol vendu à l'Union européenne pour l'aider à atteindre ses cibles d'énergie renouvelable.

Usines de sucre en Afrique australe

Les « accaparements bleus » ou accaparements d'eau sont un élément sérieux – mais généralement négligé – des accaparements de terre. Ils soulèvent la question centrale de la propriété de l'eau. De manière surprenante, l'utilisation de l'eau n'est pas mentionnée dans les contrats d'acquisition (d'accaparement) de terres, mais l'inclusion de l'utilisation de l'eau minerait certainement la plausibilité de ces « opportunités de développement. » Par exemple, presque toutes les plantations de sucre puisent leur eau d'irrigation de rivières, au détriment des petits paysans qui dépendent eux aussi des mêmes rivières. De plus, les raffineries de sucre consomment des quantités phénoménales d'eau. Au Mali, le lit du fleuve Niger a été détourné par la construction d'un canal artificiel qui alimente le projet Malibya de production de riz humide sur une superficie de 100 000 hectares dont la production est exportée en Libye. Ce projet a transformé une savane aride en plantation de riz à la vietnamienne (voir Martinello, G. « Dispossessed and rural social movements: the 2011 conference in Mali, » *Review of African Political Economy*).

Sans une mobilisation citoyenne massive contre les élites nationales, les accaparements de terres et d'eau dévasteront les populations pauvres des pays de la même manière que les enclosures (enclos) en Angleterre aux 18e et 19e siècles. Cette vague d'accaparements des terres cause une dépossession massive et des déplacements de population à grande échelle, une intégration hostile de la sous-traitance agricole, une augmentation de l'endettement, la concentration de la propriété des terres et l'agrobusiness transnational. Des militants-universitaires travaillent de près avec les communautés pour consigner l'histoire des zones qui sont dépossédées, pour que les paysans puissent contester ces nouvelles « enclosures » devant les tribunaux. Conjointement avec les militants de la justice sociale, ils font de la sensibilisation en appui à la mobilisation des populations locales contre les accaparements de terres et d'eau et leurs effets dévastateurs sur les moyens de subsistance.

12

Les REDD gourmet

Pour augmenter leurs marges et créer de nouvelles formes de rente, les capitalistes ajoutent de la valeur à leurs produits. Les REDD gourmet ajoutent des couches de valeur additionnelle aux crédits de carbone et les rend encore plus rentables et commercialisables en raison de leur allure raffinée et exotique aux yeux des consommateurs des pays industrialisés.

Par exemple, des crédits REDD des océans et des mangroves du Mozambique peuvent être combinés à des plans de compensation pour la biodiversité et la protection de papillons, d'étoiles de mer endémiques et la gestion communautaire des ressources marines, y compris la protection de requins-baleines. Le rapport *Cashing in on Creation: Gourmet REDD privatizes, packages, patents, sells and corrupts all that is Sacred*[1] constitue un document de référence fondamental pour comprendre les REDD gourmet.

La recette des REDD Gourmet contient les ingrédients suivants :

Des REDD

+ Paiement de services environnementaux

+ Compensations pour la biodiversité

+ Compensations pour l'eau

+ « Développement durable »

+ Cultures traditionnelles

= Marchandisation ou privatisation accrue de l'air, de la vie et de la culture

Les REDD gourmet sont une combinaison de REDD et d'autres types de compensation. Pour bien enrober le REDD et écoblanchir la pollution avec des stratagèmes comme le Climate Change Chocolate (chocolat des changements climatiques),[2] il y a des normes, des vérificateurs tiers indépendants, des systèmes de certification,[3] « des petits projets de compensation carbone mignons et

---

1. *Indigenous Environmental Network, in The No REDD Reader http://www.ienearth.org/docs/No-Redd-Papers.pdf; http://www.carbontradewatch.org/publications/no-redd-a-reader.html*

2. « How to use offsets in your marketing, » voir notamment Climate Change Chocolate http://ecopreneurist.com/2008/09/08/how-to-use-offsets-in-your-marketing/ et Ecosystem Market Place http://ecosystemmarketplace.com/index.php

3. « VCS, une norme de compensation carbone volontaire, soutenue par l'Association internationale pour l'échange de droits d'émission basée à Genève, le Climate Group et le Forum économique mondial, captera probablement les volumes les plus importants du marché mondial de compensations volontaires…

inoffensifs, » et la « niche gourmet du marché de carbone.[4] » Une autre manière d'embellir le commerce des émissions de carbone[5] et faire encore plus d'argent consiste à combiner les REDD avec des formes exotiques de soi-disant compensation pour la destruction environnementale. Dans ces premières années du 21e siècle, tout est transformé en service environnemental ou « compensation. » Vendre la vie au plus offrant fait fureur.

Préparer un plat REDD gourmet dans la réserve nationale du lac Nyassa ? – WWF, Coca-Cola et USAID

La réserve nationale du lac Nyassa, un écosystème complet d'une superficie de 4,2 millions d'hectares, semble être un excellent exemple de mégaprojet REDD gourmet en gestation. On compte parmi les participants è ce projet USAID, la société Coca-Cola et WWF ainsi que les ministères du Tourisme, des Pêches, de l'Environnement et de la Défense du Mozambique et le gouvernement provincial du Nyassa. Des « gardes forestiers » communautaires « coopèrent avec les Forces navales pour appliquer les lois existantes sur la pêche et l'exploitation forestière illégales, la migration illégale, les mines et la piraterie.[6] » Cela donne l'impression qu'ils se préparent à « contrôler » ce projet REDD Gourmet.

WWF, dont le masque vert a récemment été arraché dans le livre *Panda Leaks : The Dark Side of WWF*,[7] a déjà réalisé « des travaux de préfaisabilité sur le biochar dans la réserve proposée du lac Nyassa et explore le potentiel de carbone forestier dans d'autres sites.[8] » Le biochar nécessite de grandes quantités

La fondation Gold Standard de Bâle a développé une norme pour les 'crédits gourmet.' » http://www.icfi.com/Markets/Climate-Change/doc_files/carbon-credits-switzerland.pdf Il y a aussi des vérificateurs tiers indépendants comme Climate, Community & Biodiversity Alliance. http://www.climate-standards.org/

4. Abyd Karmali, Directeur exécutif et chef mondial, marchés de carbone à la Bank of America Merril Lynch http://www.slideshare.net/FinancingForests09/financing-the-worlds-forests-integrating-markets-and-stakeholders3

5. Brunner, Steven, « Gourmet credits: refining Swiss carbon cheese, » http://www.icfi.com/Markets/Climate-Change/doc_files/carbon-credits-switzerland.pdf (accessed 2007)

6. *Mozambique Review*, juillet 2011, p. 24

7. Huismann, Wilfried. *Panda Leaks: The Dark Side of WWF*, « WWF, une marque de conservation de la nature de renommée mondiale, éccoblanchit les crimes écologiques des sociétés privées qui détruisent actuellement les dernières grandes forêts tropicales et habitats naturels de la Terre ; et il accepte leur argent. Le modèle d'affaires de cette fameuse "éco"-organisation cause plus de tort à la nature que de bien. » http://www.amazon.com/PandaLeaks-The-Dark-Side-WWF/dp/1502366541 « Huismann s'est aussi penché sur l'histoire ancienne de la plus grande et puissante organisation de conservation de la nature au monde et a trouvé plusieurs squelettes dans le placard : le club d'élite secret connu sous le nom de "The 1001" et une unité de commando militaire privée déployée en Afrique contre les braconniers de gros gibier – et aussi contre les mouvements de libération de l'Afrique noire. » http://www.pandaleaks.org/videos/south-africa/

8. Feasibility Study: Sustainable Financing of Protected Areas in Mozambique, pp. 17-18, WWF, 2010, http://toolkit.conservationfinance.org/sites/default/files/documents/start/feasibility-study-sustainable-financing-2010-biofund-mozambique.pdf

de bois de plantation comme matière première. Celle-ci est pyrolysée pour faire du charbon, lequel est ensuite enfoui dans le sol supposément pour séquestrer le carbone. Plusieurs groupes environnementaux critiquent fortement et discréditent ces affirmations. (Un projet REDD axé sur le biochar a aussi été piloté dans la République démocratique du Congo et au Cameroun[9] avec le soutien du Fonds forestier du bassin du Congo.[10])

Coca-Cola pourrait participer à la proposition de projet REDD du lac Nyassa étant donné son intérêt pour contrôler et privatiser les sources d'eau fraîche, comme elle l'a fait en Inde.[11] En fait, les activités de commercialisation de l'eau embouteillée de Coca-Cola pourraient un jour éclipser le succès de ses boissons gazeuses qui pourrissent les dents étant donné la crise mondiale de l'eau qui ne cesse de s'aggraver, le mouvement mondial de privatisation de l'eau et l'accès à l'eau qui est devenu le thème sous-jacent de bien des conflits armés et guerres.

Coca-Cola est clairement consciente que le lac Nyassa est le deuxième lac en importance en Afrique et une ressource hydrique stratégique du Malawi et du Mozambique. La disponibilité de l'eau, y compris les précipitations annuelles, fait aussi partie de l'attrait du Mozambique en tant que pays hôte des projets pilotes REDD en Afrique. Sans aucun doute, les accaparements de terres et d'eau vont main dans la main, et le lac Nyassa pourrait justement en être un parfait exemple.

L'agence USAID des États-Unis est le premier donateur bilatéral du Mozambique. L'USAID appuie le parc national de Gorongosa et la création de la réserve du lac Nyassa. À travers le projet de tourisme du nord du Mozambique, l'USAID appuie le tourisme naturel. Elle a exprimé son intérêt pour le développement de projets carbone novateurs et de partenariats public-privé.[12]

Selon Carbon Plus Capital – Biocarbon Finance,[13] « le ministère de Coordination des affaires environnementales (MICOA) du gouvernement du Mozambique est chargé du développement d'une stratégie nationale de REDD

9. « Slash and burn: biochar and REDD in DR Congo and Cameroon » http://www.redd-monitor.org/2011/12/06/guest-post-slash-and-burn-biochar-and-redd-in-dr-congo-and-cameroon/

10. « Le Fonds forestier du bassin du Congo (FFBC) a vu le jour en 2008, avec une subvention de 100 millions de livres (environ 116 millions d'euros) des gouvernements du Royaume-Uni et de la Norvège. Le Fonds est hébergé et géré par la Banque africaine de développement. Ses priorités sont formellement alignées avec celles établies par la Commission des forêts d'Afrique centrale (COMIFAC) et trois des cinq priorités concernent le renforcement de la capacité à exécuter des projets REDD et de paiements pour services écosystémiques. Le FFBC collabore étroitement avec le programme REDD de l'ONU. » Ibid.

11. Transnational Institute, Smith, Kevin, « Offsetting Democracy, » https://www.tni.org/en/article/offsetting-democracy

12. « Feasibility Study: Sustainable Financing of Protected Areas in Mozambique, » pp. 17-18, WWF, 2010, http://toolkit.conservationfinance.org/sites/default/files/documents/start/feasibility-study-sustainable-financing-2010-biofund-mozambique.pdf

13. Carbon Plus Capital http://www.carbonpluscapital.com/associates

. Dans le cadre de cette stratégie, le MICOA travaille avec Carbon-Plus Capital sur un mécanisme inédit de financement de la conservation basé sur l'alignement des intérêts de la conservation, du développement durable et de l'atténuation des changements climatiques ainsi que ceux du capital privé. Centré sur la réserve nationale de Nyassa du Mozambique, une aire unique de 4,2 millions d'hectares, le projet est développé en tant que modèle de gestion du carbone forestier afin d'informer et inspirer l'évolution d'un système REDD mondial efficace.[14] »

14. Carbon Plus Capital http://www.carbonpluscapital.com/niassa-reserve-mozambique

13

Le financement des REDD en Afrique

Selon la Banque mondiale, « plus de 1 000 participants ont exploré les nouvelles opportunités de financement du carbone en Afrique lors du Forum africain du carbone de 2011 tenu à Marrakech, Maroc.[1] En 2011, les pays donateurs avaient déjà engagé (mais pas nécessairement livré dans les faits) plus de 7,7 milliards de dollars pour les REDD,[2] et les fondations mondiales distribuaient plus de 35 millions de dollars par an pour les REDD.[3] Parmi les autres sources de financement des REDD, on trouve UN-REDD, le PNUE et la Banque mondiale et ses divers programmes de projets de carbone. Il n'est pas facile de déterminer la part de ces fonds qui va à l'Afrique parce que les marchés volontaires et obligatoires ne dressent pas de telles données. Le financement des REDD en Afrique inclut 22,3 millions de dollars déboursés par UN-REDD à cinq pays africains qui ont des programmes nationaux, c'est-à-dire le Congo, la RDC, le Nigeria, la Tanzanie et la Zambie. En 2013, le Fonds forestier du bassin du Congo, dont beaucoup de projets sont de type REDD, visait à débourser 17 millions d'euros.[4]

Le tableau ci-dessous présente le financement des REDD volontaires selon les informations fournies par les donateurs, lesquels pourraient se chevaucher jusqu'à un certain point avec les montants du Fonds forestier du bassin du Congo. Les montants pour chaque pays présentés en ligne dans la carte Voluntary REDD Funding ont été enregistrés et comptabilisés dans le tableau REDD volontaire qui l'accompagne. Le montant total de financement des REDD volontaires de plus de 40 pays africains est de 1,192 milliards de dollars. La République démocratique du Congo a reçu le montant le plus élevé, soit

1. Banque mondiale, « Carbon Finance in Africa Matters » http://www.worldbank.org/en/news/feature/2011/07/06/carbon-finance-africa-matters

2. REDD Partnership (2011), REDD Partnership Voluntary REDD Database UpdatedProgress Report, 11 juin 2011, page 6, tableau 1.

3. Voir l'Alliance pour le climat et l'utilisation des sols, une initiative de financement conjointe de la Fondation Ford, la Betty and Gordon Moore Foundation, la David and Lucile Packard Foundation et ClimateWorks : « Le budget prévu pour 2011 pour les initiatives décrites dans le présent résumé stratégique est d'environ 32,5 millions de dollars, » www.climateandlandusealliance.org

4. Fonds forestier du bassin du Congo, Rapport annuel 2013, p.12 http://www.afdb.org/fileadmin/uploads/afdb/Documents/Evaluation-Reports/Annual-Report_-_Congo_-_Congo_Basin_Forest_Fund_2013_-_CBFF_-_10_2014.pdf (accessed 2014)

198,68 millions de dollars, suivie de la Tanzanie à 135,12 millions de dollars, pays où il y a eu des scandales concernant la corruption et les conflits liés aux projets REDD,[5] et du Mozambique à 55,16 millions de dollars. Fait intéressant à noter, un grand nombre de pays arides reçoivent du financement, ce qui pourrait indiquer l'existence de projets REDD paysage avec la séquestration du carbone dans les déserts.

5. Réseau Pas de REDD en Afrique Network http://www.no-redd-africa.org/images/pdf/les-pires-projets-REDD-en-Afrique.pdf

Pays	Financement de REDD volontaires (millions de dollars)
Angola	0,45
Algérie	0,63
Bénin	24,14
Botswana	0,47
Burkina Faso	94,28
Cameroun	48,51
République centrafricaine	36,26
Tchad	13,58
Congo	23,26
Côte-d'Ivoire	45,48
RDC	198,68
Éthiopie	51,94
Guinée équatoriale	6,03
Gabon	28,18
Ghana	90,96
Guinée	0,80
Guinée-Bissau	1,60
Kenya	35,18
Liberia	26,76
Niger	10,10
Nigeria	24,43
Madagascar	13,60
Malawi	36,13

Mali	32,08
Mauritanie	9,07
Maroc	28,90
Mozambique	55,16
Namibie	0,76
Rwanda	27,11
Sénégal	19,04
São Tomé et Principe	6,05
Sierra Leone	8,31
Afrique du Sud	0,32
Soudan	4,10
Ouganda	8,83
Tanzanie	135,12
Togo	4,79
Tunisie	12,73
Zambie	28,68
Zimbabwe	5,80
TOTAL	**1,1925 milliards de dollars**

Source : http://www.fao.org/forestry/vrd/

Comme le montre le graphique ci-dessous sur la distribution régionale du financement de REDD volontaires, l'Afrique a reçu moins de financement volontaire que l'Asie ou l'Amérique latine. Le financement volontaire de sources nationales est important en Amérique latine alors que l'Asie et l'Afrique n'en ont pas. Les montants moindres reçus par l'Afrique ne signifient pas nécessairement que les superficies des REDD en Afrique sont moindres, car les coûts des projets REDD en Afrique pourraient être moins élevés que dans les autres régions.

Distribution régionale du financement des REDD volontaires

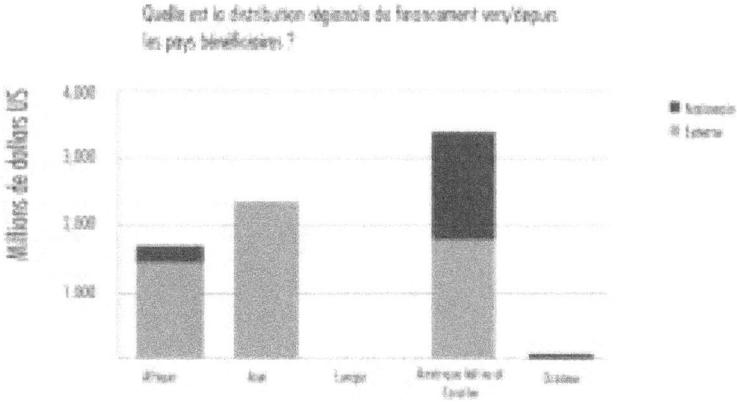

Distribution régionale du financement des REDD volontaires : Total des contributions financières extérieures et nationales aux pays bénéficiaires dans le temps (de 2006 à 2018) tel que déclaré par les donateurs.
Source : http://www.fao.org/forestry/vrd/#graphs_and_stats

Distribution régionale du financement des REDD volontaires

14

Les REDD et les violations des droits de l'homme

Les violations des droits de l'homme causées par les projets REDD incluent un assassinat, la criminalisation de militants, l'expulsion violente de dizaines de milliers de personnes ainsi que des menaces contre la survie culturelle et un génocide potentiel, comme l'ont montré la réinstallation forcée du peuple Sengwer au Kenya et la politique de « terre brûlée » à laquelle ce peuple a été soumis. Cependant, les effets des REDD en Afrique ne sont pas limités aux violations des droits de l'homme individuels et collectifs. Les REDD sont résolument en voie d'ancrer encore plus les oppressions systémiques et structurelles existantes liées à l'accès aux ressources naturelles et au contrôle de ceux-ci. Les REDD constituent une nouvelle offensive contre les peuples de l'Afrique, particulièrement ceux qui sont déjà (économiquement, politiquement et culturellement) marginalisés comme les femmes, les petits paysans, les pasteurs, les chasseurs-cueilleurs et les peuples autochtones.

Le *Réseau Pas de REDD en Afrique* a documenté et dénoncé le cas emblématique et déterminant de la réinstallation forcée et possible « extinction » du peuple Sengwer dans le cadre d'un projet REDD financé par la Banque mondiale, ce qui prouve le potentiel génocidaire des REDD. Nafeez Ahmed, journaliste de *The Guardian,* a dénoncé la « campagne de terre brûlée » dans les collines de Cherangany et comment la « détresse des Autochtones Sengwers du Kenya montre que les compensations carbones habilitent les entreprises privées à recoloniser le Sud.[1] » Les expulsions des Sengwers confirment aussi la préoccupation des Amis de la Terre International qui craignent que les REDD puissent « encourager une mentalité de "protection armée" et mener au déplacement de millions de personnes qui dépendent de la forêt par la police et les forces militaires.[2] »

Chris Lang du groupe REDD Monitor note que dans les mécanismes

---

1. The Guardian, « World Bank and UN carbon offset scheme 'complicit' in genocidal land grabs – NGOs. Plight of Kenya's indigenous Sengwer shows carbon offsets are empowering corporate recolonisation of the South » http://www.theguardian.com/environment/earth-insight/2014/jul/03/world-bank-un-redd-genocide-land-carbon-grab-sengwer-kenya

2. Friends of the Earth International, « REDD: Critical questions and myths exposed, » www.foei.org/publications

REDD, «les peuples autochtones qui dépendent de leurs forêts pour leur subsistance peuvent se faire enlever leurs droits d'utiliser ces terres. Une destruction des moyens de subsistance de cette ampleur correspond aux parties a), b) et c) de la définition de génocide [de la Convention de l'ONU pour la prévention et la répression du crime de génocide].[3] »

Gravité des violations des droits de l'homme et ampleur de la répression

Il est important de noter la portée, la diversité et la gravité des violations des droits de l'homme causées par les projets de type REDD. L'ampleur de la répression des projets de type REDD inclut déjà l'expulsion violente de dizaines de milliers de personnes. Le projet de carbone forestier de la New Forests Company en Ouganda n'est pas une aberration, mais donne plutôt une idée du niveau de répression et de militarisation que peuvent atteindre les projets de type REDD.

Les projets REDD ne violent pas seulement les droits individuels des personnes, mais aussi les droits collectifs des peuples y compris le droit d'exister en tant que peuple, et le droit à l'autodétermination enchâssé dans l'article 1 du Pacte international sur les droits civils et politiques et le Pacte international sur les droits sociaux, économiques et culturels ; ainsi que l'article 3 de la Déclaration des Nations Unies sur les droits des peuples autochtones (DNUDPA). On trouvera à l'annexe 1 la liste des articles de la DNUDPA les plus couramment violés par les projets de type REDD.

Le droit au consentement préalable donné librement et en connaissance de cause est un des principes fondamentaux de la DNUDPA et un droit crucial dans la résistance à l'imposition de projets non voulus. L'analyse comparative de la violation du droit au consentement préalable donné librement et en connaissance de cause par les projets REDD de l'ONU est révélatrice. Parmi les seize pays qui se sont dotés d'un programme national REDD de l'ONU, au moins dix ont violé le droit au consentement préalable donné librement et en connaissance de cause et le droit de la société civile et des peuples autochtones de participer aux processus liés au projet REDD (voir Annexe 2).

Aucune protection obligatoire

Il n'y a aucune protection juridiquement obligatoire relative aux REDD et les protections des Nations Unies relatives aux REDD sont absentes du dispositif du document. Ces protections ont plutôt été laissées dans une annexe et sont volontaires et inoffensives.[4] Aucun mécanisme de résolution de dispute n'a été

3. REDD Monitor http://www.redd-monitor.org/2013/04/03/launch-of-noredd-in-africa-network-redd-could-cause-genocide/
4. REDD Monitor. « REDD Safeguard Information Systems: It's about money not upholding rights » http://www.redd-monitor.org/2015/06/02/redd-safeguard-information-systems-its-about-the-money-not-upholding-rights/

établi et encore moins un mécanisme de réclamation. Les protections des REDD de l'ONU ne sauvent ni ne gardent rien. Le marché volontaire, comme son nom le suggère, est encore moins réglementé que le marché obligatoire.

Il n'y a aucun doute que le nombre, l'intensité et l'ampleur des violations des droits de l'homme augmenteront considérablement une fois que les REDD passeront à leur phase de mise en œuvre. À ce titre, le calendrier de mise en œuvre laisse croire que les REDD commenceront en l'an 2020, mais une coalition influente fait pression en faveur d'une mise en œuvre partielle avant 2020. Par ailleurs, la « bancabilité » des crédits permet aux pollueurs d'amasser et d'accumuler les crédits préventivement pour les réductions obligatoires à venir au moyen de compensations. Le marché volontaire et les marchés régionaux et infranationaux ont leurs propres échéanciers et certains d'entre eux mettent déjà en œuvre des projets REDD.

Les REDD causent des changements systémiques et structurels

Il est important de noter qu'en plus de causer de graves violations des droits de l'homme individuels et collectifs, les REDD produisent des changements systémiques et structurels. Ces changements touchent presque tous les aspects de la société y compris la terre, le travail, la production, les genres, l'immigration, le pouvoir, l'indépendance, le colonialisme et, bien sûr, les changements climatiques et l'environnement du continent. Voici une compilation de ces changements :

- Accaparements massifs de terres qui pourraient détruire le régime de propriété des terres et de l'eau
- Transformation de la main-d'œuvre et du travail, par exemple la conversion de paysans et d'Autochtones en péons ou esclaves du carbone sur leurs propres terres
- Changements dans la production
  - Remplacement de la culture d'aliments par la culture du carbone
  - Séquestration du carbone de la forêt au lieu de la culture et récolte d'aliments
- Nouvelle forme de violence contre les femmes
- Facteur additionnel d'émigration et d'exode de la campagne aux villes et aux pays industrialisés
- Nouvelle forme de sous-développement de l'Afrique
- Nouvelle forme de colonialisme, de domination économique et d'appauvrissement
- Nouvelle forme d'accumulation du capital, de financiarisation et de concentration de la richesse
- Sapement du pouvoir des États-nations et augmentation du pouvoir des élites, des transnationales et des puissances étrangères
- Modification des cadres juridiques notamment en ce qui concerne les forêts, les régimes fonciers et les droits de l'homme

- Augmentation de la militarisation, surveillance et contrôle des forêts, des terres, des côtes et des ressources naturelles
- Indépendance réduite et plus d'interventions étrangères
- Redécoupage des cartes géopolitiques
- Transformation de l'Afrique en un dépotoir de carbone
- Conversion continentale des écosystèmes indigènes en monocultures
- Aggravation des changements climatiques et contribution à l'incinération de l'Afrique

15

Main-d'œuvre et travail : asservissement et esclavage du carbone

Il existe plusieurs exemples significatifs de projets REDD qui intensifient l'exploitation des populations et produisent des conditions d'esclavage du carbone, notamment : le projet modèle REDD Rio 20 de N'hambita au Mozambique dont le contrat impose aux paysans un esclavage du carbone sur plusieurs générations ; la plantation de carbone d'Ibi-bateke, un modèle de la Banque mondiale, dans lequel les Pygmées Batwa pourraient se retrouver dans une situation de servitude ; et les expulsions en Ouganda qui ont converti des paysans prospères en péons de la plantation de la New Forests Company sur leurs propres terres. L'exploitation extrême et l'inhumanité de ces projets ne sont pas des erreurs ou des exceptions, mais plutôt une partie intégrante et essentielle de la stratégie des REDD. Dès l'année 2000, le Forum international des peuples autochtones et des communautés locales sur les changements climatiques, dans sa première déclaration à la plénière des Nations Unies, avait prophétiquement juré que « nous ne voulons pas être des esclaves du commerce du carbone ![1] »

La tendance à maximiser les profits est une caractéristique du capitalisme. La maximisation des profits comporte souvent la maximisation de l'exploitation. Cette tendance pourrait définir le type de main-d'œuvre requise pour les REDD en Afrique et les plantations d'arbres, d'agrocarburants et de cultures. L'esclavage du carbone et la servitude des modèles existants de projets REDD (c.-à-d. N'hambita et Ibi-Bateke) indiquent que l'esclavage du carbone pourrait bien être une caractéristique générale des REDD en Afrique.

La tendance des REDD à convertir les paysans et/ou les peuples autochtones en péons sur leurs propres terres s'est déjà produite dans la plantation de New Forests Company en Ouganda. Les paysans prospères expulsés ont été contraints de devenir des péons de plantation mal payés sur la terre d'où ils ont été expulsés. « Sans toit et sans espoir, M. Tushabe a dit qu'il a accepté l'emploi avec l'entreprise qui l'a expulsé. On lui a promis plus de 100 $ de salaire mensuel, a-t-il dit, mais il n'a reçu qu'environ 30 $.[2] »

L'exploitation de la main-d'œuvre des communautés locales est facilitée par

1. Déclaration de Lyon, Forum international des peuples autochtones et des communautés locales sur le climat, 2000.
2. *New York Times*, « In Scramble for Land, Group Says, Company Pushed Ugandans Out »

la situation extrêmement désavantageuse des personnes expulsées, sans toit et dépossédées qui n'ont aucun ou pratiquement pas d'accès à un soutien juridique. Le peu d'intérêt qu'ont certains intervenants de la communauté internationale des droits de l'homme pour dénoncer le commerce du carbone vient aggraver cette absence de recours. Sauf pour quelques cas isolés de violations des droits de l'homme, la plupart des ONG des droits de l'homme se contentent de chercher à obtenir une réforme du mécanisme de développement propre ou de promouvoir des protections.

En ce qui concerne la transformation des modes de production, les REDD paysage et l'agriculture intelligente face aux changements climatiques pervertissent la tâche de faire pousser des aliments pour en faire une de culture du carbone et pourraient ouvrir la voie à une contre-réforme agraire. Beaucoup de travail d'analyse reste à faire sur les effets des REDD sur les systèmes de production et la main-d'œuvre des écosystèmes forestiers et aquatiques. Mais une chose est déjà claire : les REDD font partie d'un nouveau chapitre du capitalisme qui pourrait générer de nouvelles formes de plus-value provenant de la nature et complètement transformer les systèmes de production des paysans et des habitants de la forêt, leurs formes de travail et d'exploitation, ainsi que les relations de pouvoir liées au travail.

http://www.nytimes.com/2011/09/22/world/africa/in-scramble-for-land-oxfam-says-ugandans-were-pushed-out.html

16

Les REDD, une nouvelle forme de violence contre les femmes

Dans une lettre ouverte adressée aux Nations Unies, *Carbon Trading, CDM and REDD : New Forms of Violence against Women NOT Women's Empowerment!*[1], le *Réseau Pas de REDD en Afrique* et la *Global Alliance against REDD* ont dénoncé les REDD parce qu'ils comportent une nouvelle forme de violence contre les femmes

En voici un extrait :

En tant que femmes, nous savons que le commerce du carbone et les projets de compensation carbone violent notre droit à la vie parce qu'ils augmentent la pollution et amplifient le réchauffement de la planète. Les projets de compensation carbone ont produit des accaparements de terre, des violations des droits de l'homme, des violations des droits des femmes, des enfants et des peuples autochtones, des déplacements forcés, des gardes armés, des emprisonnements, la persécution et la criminalisation de militants. L'arnaque du commerce du carbone signifie également plus d'asthme, de maladies cardiovasculaires et de cancers pour les communautés qui vivent à proximité des sources de pollution. Les marchés du carbone écoblanchissent cyniquement l'exploitation, l'extraction et la combustion croissante des combustibles fossiles, créant des points chauds et des fardeaux toxiques sur le corps des femmes avec des conséquences sur le droit des générations futures à une vie saine.

Puisque ce sont les femmes qui conservent et récoltent l'eau, nous savons que ces fausses solutions permettent aux industries polluantes et aux gouvernements d'augmenter les émissions et déversements toxiques, lesquels empoisonnent cette précieuse ressource. Par ailleurs, les fausses solutions aux changements climatiques causent plus de sécheresses, d'inondations et de désastres

---

1. « Carbon Trading, CDM and REDD: New Forms of Violence against Women NOT Women's Empowerment! » 4 juillet 2014 http://no-redd.com/

naturels, dans lesquels les femmes et les enfants ont 14 fois plus de chances de mourir que les hommes.[2]

Nous célébrons la Terre Mère et les femmes. Nous rejetons le commerce du carbone, le MDP et les REDD, et nous les dénonçons en tant que nouvelles formes de violence contre les femmes, les enfants, les communautés locales et les peuples autochtones. Nous rejetons également la norme Women's Carbon Standard, les « projets de compensation carbone sensibles au genre, » les « méthodologies centrées sur les femmes et les enfants » et la promotion et certification du commerce du carbone et des projets de compensation carbone de tous types, du point de vue de l'émancipation et du leadership des femmes ou du bien-être de nos familles et enfants.

Les projets pilotes REDD en Afrique ont déjà des effets négatifs pour les femmes et les enfants. L'éviction d'une partie du peuple Ogiek de la forêt Mau pour un projet REDD financé par le PNUE a empêché l'exercice de certaines pratiques traditionnelles des Ogieks, notamment la chasse et la récolte de miel sauvage. Selon Judy Kipkenda, agente de communication et des médias du Programme de développement du peuple Ogiek, certaines femmes et filles Ogieks sont forcées de se prostituer au bord de la route où elles sont campées.[3] Les études sur les effets spécifiques des projets REDD sur les femmes, les filles et les enfants, et comment ces projets alimentent la violence contre les femmes et l'exploitation sexuelle ainsi que l'émigration des forêts et de la campagne n'ont pas encore été menées, mais toutes ces formes d'injustice sont inhérentes aux accaparements de terre massifs pour les projets REDD.

En tant que mécanisme de compensation carbone, les REDD permettent aux pays industrialisés d'utiliser les forêts, l'agriculture, les sols et même les écosystèmes aquatiques pour éponger leur pollution de dioxyde de carbone au lieu de couper leurs émissions à la source. Les REDD permettent au Nord de se dérober de sa responsabilité historique en tant que source principale d'émissions et de forcer les peuples du Sud, ceux qui sont le plus durement touchés par la crise climatique et les moins à blâmer pour sa création, d'assumer cette responsabilité.[4]

Cependant, les compensations ne sont vraiment que le glaçage sur le

2. http://www.unwomen.org/en/news/in-focus/the-united-nations-conference-on-sustainable-development-rio-20/facts-and-figures

3. Témoignage de Judy Kipkenda, agente de communication et des médias du Programme de développement du peuple Ogiek, durant le Forum permanent des Nations Unies sur les questions autochtones, 2014.

4. Lohmann, Larry, « Marketing and Making Carbon Dumps: Commodification, Calculation and Counterfactuals in Climate Change Mitigation, » *Science as Culture,* Vol. 14, No. 3, pp. 203 à 235, septembre 2005 http://www.dartmouth.edu/~mkdorsey/Marketing%20and%20Making%20Carbon%20Dumps.pdf

gâteau REDD. Prétendre sauver le climat avec les REDD est un stratagème pour s'emparer de toutes les terres, l'eau et l'énergie qui restent sur la planète. De plus, selon Larry Lohmann, un expert sur le commerce du carbone, les REDD créent aussi « de nouvelles formes de marchandisation et de rente, de nouvelles sources de profit pour certaines entreprises, ils pacifient et corrompent les environnementalistes de classe moyenne et créent de nouvelles façons pour les sociétés privées de voler de l'État et du public.[5] »

Par ailleurs, à mesure que la mise en œuvre des projets REDD avance, d'autres programmes de compensation de type REDD incluront et encourageront même l'extraction de combustibles fossiles et l'exploitation minière dans les zones des projets REDD, comme ce qui risque de se passer dans le Socio Bosque en Équateur[6]. Il est fort probable que la même chose se produise dans les projets REDD en Afrique.

Des projets REDD avec des arbres ou même juste de l'herbe sont aussi prévus dans le cadre de l'expansion de projets miniers, d'oléoducs et d'autres activités d'extraction, de production et d'infrastructures de combustibles fossiles. Selon le président de la Chambre des mines des Philippines, Benjamin Phillip G. Romualdez, « le secteur minier, et toutes les industries extractives devront replanter des arbres sur les grandes superficies de terres où ils opèrent ; ainsi, aussi bien utiliser les arbres replantés comme crédits dans le commerce du carbone international.[7] » Steven Bluhm, un consultant sur les mines d'Afrique et PDG de Bluhm Burton Engineering (BBE), regrette que « l'Afrique du Sud tire de la patte dans l'utilisation des avantages que peuvent procurer les crédits de carbone.[8] »

5. Lohmann, Larry, entrevue, 9 octobre 2015. Il se réfère à de nouveaux types de rentes décrits par Romain Felli dans *On Climate Rent*, Université de Genève, « Historical Materialism In Environment, not Planning: The Neoliberal Depoliticisation of Environmental Policy by means of Emissions Trading, » article accepté pour publication dans la revue *Environmental Politics*, mai 2015

6. Ramos, Yvonne, Acción Ecológica, « Socio Bosque another face of Green Capitalism, » *No REDD Reader*, http://www.carbontradewatch.org/publications/no-redd-a-reader.html Entrevue de Max Lascano (mai 2010). Le directeur de Sociobosque reconnaît que le forage pétrolier et l'exploitation minière sont permis dans le Socio Bosque – Industries extractives. http://londonminingnetwork.org/2010/04/rio-tinto-a-shameful-history-of-human-and-labour-rights-abuses-and-environmental-degradation-around-the-globe/

7. « Mining industry eyeing carbon credits, » http://www.gmanetwork.com/news/story/46633/economy/mining-industry-eyeing-carbon-credits

8. *Mining Weekly*, « SA lagging behind in taking advantage of carbon credits system, » http://www.miningweekly.com/article/sa-lagging-behind-in-taking-advantage-of-carbon-credits-system-2008-05-16

17

La financiarisation déchaînée

La « financiarisation de la nature, » c'est la mainmise des marchés financiers sur la nature, et sa marchandisation et privatisation.[1] Selon Gerald Epstein, « la financiarisation concerne le rôle croissant des motifs financiers, des marchés financiers, des acteurs financiers et des institutions financières dans le fonctionnement des économies nationales et internationales.[2] » Larry Lohmann caractérise la financiarisation comme une « super-marchandisation.[3] » « Les vecteurs de la financiarisation du carbone et des actifs de la biodiversité [y compris les REDD] sont essentiellement *les mêmes* que les vecteurs de la financiarisation de toute activité génératrice de revenus. La *différence* c'est qu'ailleurs ce sont des marchandises à part entière ou des « marchandises fictives » bien établies comme la terre ou la main-d'œuvre qui sont financiarisées, alors que le carbone et les marchandises de la biodiversité ont été créés *durant* l'ère actuelle de la financiarisation.

Dans le cas des REDD, la financiarisation inclut la spéculation financière sur le comportement futur hypothétique des actions générées à partir du courtage d'air.

« En général, la financiarisation prend des marchandises dont la valeur est établie à l'aide de procédures de "commensuration" (ou en la comparant à la valeur d'autres marchandises) et les soumet à une nouvelle ronde de commensuration, en les insérant dans une cagnotte commune avec d'autres

---

1. Voir ATTAC TV, *Empêchons les marchés financiers de s'emparer de la nature*, vidéo, 2012 https://vimeo.com/44103161 Maryknoll Office for Global Concerns, « The Financialization of Nature, » http://archive.maryknollogc.org/newsnotes/37.2/Financialization_of_nature.html

2. REDD Monitor, The Financiali$ation of Nature, http://www.redd-monitor.org/2015/08/19/the-financialisation-of-nature/

3. Le terme financiarisation est parfois utilisé dans les discussions sur le capitalisme financier qui s'est développé au cours des dernières décennies, au cours desquelles l'utilisation des leviers financiers a eu tendance à l'emporter sur le capital (capitaux propres), et les marchés financiers à dominer l'économie industrielle traditionnelle et le secteur agricole. C'est un terme qui décrit un système ou processus économique qui tente de réduire toute valeur échangée (qu'elle soit tangible, intangible, une promesse d'avenir ou actuelle, etc.) à un instrument financier. L'intention première de la financiarisation est de parvenir à réduire tout produit du travail ou service à un instrument financier échangeable, comme les devises, et faciliter l'activité d'échange de ces instruments financiers [notre traduction d'un extrait de l'article « Financialization », Wikipédia].

marchandises selon les taux de rendement établis par la finance. Elles sont ensuite privatisées, aliénées, individuées, rendues abstraites, réévaluées, déplacées ou liquéfiées de manière à permettre de toucher rapidement des rentes plus facilement ou servir de garantie pour d'autres biens. D'entités dont la valeur est réalisée lorsqu'elles sont confrontées les unes aux autres en tant que marchandises, elles deviennent des entités dont la valeur est réalisée lorsqu'elles sont confrontées les unes aux autres en tant que droits à une valeur *future* qui sera supposément produite dans une activité *future* et réalisée dans un échange *future*.[4] » [notre traduction]

Mais les REDD vont au-delà de la financiarisation de l'air, des forêts, de la terre et de l'eau et permettent de polluer. Comme l'a annoncé la Déclaration de New York sur les forêts, les REDD passent maintenant à « l'élimination de la déforestation » et à la compensation de toute la chaîne mondiale d'approvisionnement des marchandises.[5] Les REDD ne sont pas seulement une marchandise financiarisée en elles-mêmes, mais bien une marchandise financiarisée EN PLUS du processus de produire toutes les marchandises. De plus, les REDD permettent non seulement la financiarisation des compensations, mais aussi la financiarisation de l'extraction, des infrastructures et de la production de l'énergie des combustibles fossiles — soit la matrice énergétique au complet — ainsi que la production de ses composantes et la fabrication de marchandises et de chaînes mondiales, y compris les fournisseurs tiers. Avec les REDD la financiarisation se déchaîne. Mais malheureusement, il ne s'agit pas du rêve d'un quelconque négociant de carbone ; c'est la politique climatique internationale émergente qui est en voie d'être mise en œuvre à l'échelle de la planète. Il faut donc se demander : quelle portion de l'Afrique l'ONU, les États-Unis, Wall Street, les grandes pétrolières et les autres espèrent-ils accaparer?

Asservissement économique et appauvrissement

L'accumulation du capital, la financiarisation et la spéculation financière basée sur la nature entraînent nécessairement plus d'asservissement économique. Comme toujours, nos collègues de Timberwatch sont bien lucides à ce sujet : « Si on laisse les projets de type REDD s'imposer sur les forêts, les champs et les savanes d'Afrique, il pourrait en résulter l'asservissement de l'ensemble du continent... Les projets REDD et du MDP seront probablement rien de plus qu'une forme de recolonisation et l'effort final pour commercialiser les derniers espaces de l'Afrique qui sont restés jusqu'à maintenant entre les mains des Autochtones après la première ronde de colonisation formelle.[6]

Les REDD ne profiteront pas aux pauvres et causeront un appauvrissement

---

4. « Financialization of Carbon and Biodiversity, » Larry Lohmann, octobre 2011

5. New York Declaration on Forests http://newsroom.unfccc.int/media/514893/new-york-declaration-on-forests_26-nov-2015.pdf

6. Global Justice Ecology Project, Timberwatch et coll., *No REDD papers, volume 1*, « The REDD

et une misère encore plus grands. Même le document de politique générale sur les REDD préparé par l'Initiative pauvreté-environnement (IPE), dont les membres incluent le PNUE, le PNUD et l'UICN, ne mâche pas ses mots sur cette question. « Les systèmes REDD pourraient présenter de nouveaux risques pour les pauvres » et « la situation des pauvres pourrait finalement empirer. » Selon l'IPE, les REDD pourraient aussi avoir comme effet « la concentration du pouvoir dans les mains des élites.[7] »

Kathleen McAfee pense également que les REDD seront désastreux pour les pauvres :

> La marchandisation et le commerce transnational des services d'écosystèmes sont la version la plus ambitieuse à ce jour de la stratégie qui consiste à « vendre la nature pour la sauver. » La Banque mondiale et les agences de l'ONU prétendent que les marchés mondiaux du carbone peuvent ralentir les changements climatiques tout en générant des ressources pour le développement. En accord avec des versions « inclusives » des politiques de développement néolibérales, leurs promoteurs affirment que les projets internationaux de paiement de services écosystémiques (PSÉ), financés par la vente de compensations carbone et les biobanques, peuvent profiter aux pauvres. Cependant, la Banque mondiale avertit que si l'accent est mis sur la réduction de la pauvreté, l'efficacité de ces investissements dans la conservation risque de diminuer. L'expérience de dix années de PSÉ montre comment, dans la pratique, les critères d'efficacité du marché s'opposent directement aux priorités de réduction de la pauvreté. Néanmoins, les prémisses des PSÉ basés sur le marché sont incluses dans le modèle de programmes REDD mondiaux financés par le marché des compensations carbone... La contradiction entre le développement et la conservation observée dans les PSÉ est inévitable dans les projets encadrés par la logique asociale de la science économique néoclassique.[8]

Les REDD aggravent aussi le colonialisme de la dette étrangère. Des échanges dette contre nature de type REDD pourraient être négociées en Afrique comme cela a déjà été le cas en Amérique latine et Asie. « On pourrait inclure une forêt

Trojan Horse, » http://www.thecornerhouse.org.uk/sites/thecornerhouse.org.uk/files/No REDD papers One.pdf

7. « A Poverty Environment Partnership (PEP) Policy Brief, » basé sur le rapport complet *Making REDD Work for the Poor* « (Peskett et coll., 2008), pp.1 et 2 https://www.odi.org/sites/odi.org.uk/files/odi-assets/publications-opinion-files/3453.pdf

8. McAfee, Kathleen, « The Contradictory Logic of Global Ecosystem Services Markets », *Development and Change*, janvier 2012. https://www.researchgate.net/publication/225054937_The_Contradictory_Logic_of_Global_Ecosystem_Services_Markets

communautaire dans un échange dette contre nature pour le paiement de la dette étrangère de l'État. À ce titre, les États-Unis ont récemment annoncé qu'ils réduiraient la dette étrangère du Brésil de 21 millions de dollars en échange d'initiatives de protection des forêts atlantiques au Brésil. Ce type de protection des forêts pourrait aboutir à des projets de type REDD au Brésil.[9] » Il est utile de réviser le résumé ci-dessous d'un marché de « dette pour de l'aide » de type REDD entre les États-Unis et les Philippines, car des marchés similaires seront probablement conclus en Afrique. Le résumé montre également que ces expropriations territoriales pour la réalisation de projets REDD sont présentées comme de « l'aide » généreuse des États-Unis, de la « conservation » de forêts et, bien sûr, une mesure de sauvetage du climat.

> *« Une entente sur la dette envers les États-Unis aide les Philippines à sauver les forêts*
>
> Les États-Unis aideront à préserver les forêts tropicales des Philippines qui disparaissent rapidement en vertu d'une entente de conversion de la dette pour de l'aide de 31,8 millions de dollars signée à Manille jeudi, ont déclaré les deux gouvernements. Selon une déclaration commune, les versements de la dette que les Philippines doivent à l'agence de développement international USAID seront utilisés pour créer un fonds de conservation de la forêt tropicale. Ce fonds accorderait des subventions pour la conservation, le maintien et la restauration des terres forestières encore abondantes de cinq régions de l'archipel. « En plus d'aider à préserver la biodiversité terrestre extraordinaire, le fonds contribuera aux efforts internationaux d'atténuation des effets des changements climatiques, » a indiqué la déclaration. Le groupe environnemental Conservation International, un groupe environnemental basé aux États-Unis considère que les Philippines sont un des 17 pays de mégadiversité qui pris ensemble comptent pour plus de deux tiers des espèces de plantes et d'animaux.[10]
>
> Il reste encore beaucoup à faire pour avoir un tableau complet des REDD en Afrique et la situation évolue constamment. La portée des REDD s'est étendue des forêts et plantations pour inclure les arbres génétiquement modifiés, les sols et l'agriculture. Avec des noms comme agriculture intelligente face au climat, REDD paysages, Carbone bleu et Carbone humide, les REDD couvrent maintenant presque tous les écosystèmes terrestres et aquatiques — presque toute la peau de la Terre Mère, selon la déclaration *NO REDD ! in RIO 20 — A Declaration to Decolonize the Earth et la Sky of the Global Alliance against REDD.*[11] « En fin de compte,

9. « U.S. signs debt-for-nature swap with Brazil to protect forests, » Mongabay.com, août 2010. http://news.monagabay.com/2010/0813-dfns_us_brazil.html (accessed 2011)

10. UN debt deal helps Philippines save forests 25 July 2013 http://globalnation.inquirer.net/81527/us-debt-deal-helps-philippines-save-forests

11. NO REDD ! in RIO 20 – A Declaration to Decolonize the Earth and the Sky, Global Alliance of

les REDD pourraient essayer d'inclure et d'exproprier toute la surface de la Terre y compris la plupart des forêts, des sols, des champs, des savanes, des déserts, des terres humides, des mangroves, des algues marines et des océans et de les utiliser comme éponges de la pollution des pays industrialisés. Les REDD sont aussi le pilier de l'économie verte. La directrice générale de la CCNUCC, Mme Christiana Figueres, a déclaré aux délégués réunis le Jour de la forêt le 4 décembre que "Les gouvernements du monde entier préparent un plan d'affaires pour la planète [...] et les REDD en sont le cœur spirituel."[12] » Les REDD transforment les sources de la vie sur Terre en dépotoirs de carbone.[13] Cela convertira les ventres de la Terre en tombes. Mais nous ne le permettrons pas ! Heureusement, la résistance s'organise.

Indigenous Peoples and Local Communities on Climate Change against REDD and for Life http://www.redd-monitor.org/2012/06/19/no-redd-in-rio-20-a-declaration-to-decolonize-the-earth-and-the-sky/

12. REDD Monitor, « News from the Conference of Polluters (Durban, COP 17) » http://www.redd-monitor.org/2011/12/08/redd-news-from-the-conference-of-polluters-durban-cop-17-8-december-2011/

13. World Rainforest Movement, « Basureros de Carbono Japoneses en Australia » http://wrm.org.uy/oldsite/boletin/27/Australia.html Lohmann, Larry, « Marketing and Making Carbon Dumps: Commodification, Calculation and Counterfactuals in Climate Change Mitigation » http://www.thecornerhouse.org.uk/sites/thecornerhouse.org.uk/files/carbdump.pdf

18

Le colonialisme et les REDD : la troisième ruée vers l'Afrique ?

Stopper la REDD-ification de l'Afrique et l'accaparement du continent fait partie de la résistance globale de l'Afrique au colonialisme, au capitalisme, à l'impérialisme, à « l'économie verte » et au maldéveloppement de l'agenda de développement post 2015. Ce défi signifie contrer l'exploitation exacerbée de l'Afrique et des Africaines et Africains, l'agenda de « sous-développement » post 2015 et la « décarbonisation » de l'économie mondiale qui sera probablement entérinée dans l'Accord de Paris de 2015. Cela exige aussi de contrer la résurrection de l'Organisation mondiale du commerce, le marché mondial du carbone et les compensations obligatoires, lesquels sont fondamentaux pour les REDD et l'économie verte.

Puisque les REDD ont été dénoncés en tant que colonialisme du carbone ou même impérialisme du carbone, il est utile de situer la résistance aux REDD dans la riche histoire de résistance au colonialisme et à l'impérialisme en Afrique et à leur critique. Dans *How Europe Underdeveloped Africa*, Walter Rodney affirme : « Le phénomène du néocolonialisme demande une enquête détaillée pour formuler la stratégie et les tactiques de l'émancipation et du développement de l'Afrique.[1] » Il en va de même avec les REDD.

La troisième ruée vers l'Afrique ?

La première ruée vers l'Afrique a bien sûr été le découpage du continent par les puissances coloniales. La première phase de la deuxième ruée a été ce que Kwame Nkrumah a appelé le néocolonialisme et Julius Nyerere a défini comme « des Africains qui se battent contre des Africains. » Sommes-nous maintenant au début d'une troisième ruée vers l'Afrique avec « l'économie verte » et les REDD ?

Kwame Nkrumah était probablement trop optimiste lorsqu'en 1965 il a qualifié le néocolonialisme de « dernier stade » de l'impérialisme dans son livre

---

1. Rodney, Walter, *How Europe Underdeveloped Africa*, http://abahlali.org/files/3295358-walter-rodney.pdf Version française : *Et l'Europe sous-développa l'Afrique.*

Le néocolonialisme : dernier stade de l'impérialisme[2] ou peut-être que les REDD sont simplement le plus récent chapitre de ce dernier stade.

Le néocolonialisme d'aujourd'hui représente l'impérialisme à son dernier et probablement plus dangereux stade. L'essence du néocolonialisme est que l'État qui en est la proie est, en théorie, indépendant et possède tous les atours extérieurs de la souveraineté internationale. Mais dans les faits, son système économique et ainsi sa gestion politique sont dirigés de l'extérieur...

Les mécanismes du néocolonialisme :

> ... Confronté aux peuples militants des anciens territoires coloniaux en Asie, Afrique, les Caraïbes et l'Amérique latine, l'impérialisme change simplement de tactique. Sans scrupule, il range ses drapeaux, et remercie même certains de ses officiers expatriés les plus haïs. Cela signifie, du moins c'est ce qu'il prétend, qu'il « accorde » l'indépendance à ses anciens sujets, après quoi vient « l'aide » au développement. Mais derrière de telles phrases, il conçoit d'innombrables façons de poursuivre des objectifs autrefois atteints par le colonialisme nu. C'est la somme de toutes ces tentatives modernes de perpétuer le colonialisme tout en parlant de « liberté » que l'on appelle le néocolonialisme. La soumission de la plupart des gouvernements africains au programme politique climatique des pays industrialisés du Nord tend elle aussi à refléter « la mécanique du néocolonialisme.[3] »

La mainmise économique des États-Unis et de l'Europe, et de plus en plus de la Chine et des autres pays du BRICS, sur les pays africains est mise en évidence dans les négociations sur le climat à l'ONU et les discussions sur les REDD en particulier. Même Dr Tewolde Berhan Gebre Egziabher d'Éthiopie, qui a mené la charge de l'Union africaine contre les cultures transgéniques à la Convention sur la diversité biologique et dénoncé avec éloquence le colonialisme des OGM, lorsqu'il a été approché au Sommet de Copenhague à propos du besoin urgent de s'assurer que l'Union africaine rejette les REDD, a hésité. Malheureusement, les États-Unis et l'Europe ont eu beaucoup de succès à convaincre les capitales africaines d'appuyer l'agenda climatique hégémonique basé sur le commerce du carbone.

Les débats historiques entre dirigeants africains comme Kwame Nkrumah et Julius Nyerere, et même entre Ernesto 'Che' Guevara, Samora Machel et cinquante autres penseurs à Dar es-Salaam en 1965, sur la priorité pour l'Afrique, accéder à l'indépendance ou défaire le capitalisme, et le besoin ou non d'unité pour atteindre l'une ou l'autre de ces aspirations, sont toujours

---

2. *Kwame Nkrumah, Neo-Colonialism, the Last Stage of Imperialism*, http://www.marxists.org/subject/africa/nkrumah/neo-colonialism/ch01.htm *Version française, Le néo-colonialisme : dernier stade de l'impérialisme, Éditions Présence Africaine.*

3. Ibid.

d'actualité. On peut se demander si ces dirigeants ont déjà imaginé une forme de colonialisme comme les REDD et comment ils y auraient répondu. En revanche, l'absence actuelle de toute opposition claire aux REDD de la part des gouvernements africains donne à réfléchir et montre à quel point le leadership africain a changé au cours des 50 dernières années.

Le court texte, *Wielding the Power of Vision and Naming to Halt Skyocide and Carbon Imperialism,* tente de saisir les défis terminologiques de la lutte contre les REDD et la défense du Ciel.[4] « La terminologie pour décrire ce qui se passe fait si cruellement défaut que beaucoup sont aveuglés par le blizzard de mensonges sur l'ampleur véritable et les causes de cette catastrophe planétaire sans précédent, ainsi que les solutions à celle-ci. On ne peut s'empêcher de se demander si le terme "colonialisme du carbone" est plus acceptable parce que le mot "impérialisme" est considéré comme trop incendiaire, rébarbatif ou vieux. Si c'est le cas, est-ce que l'utilisation d'un terme plus acceptable réduit la précision et limite ou déraille les réponses stratégiques ? »

Le fait de contextualiser et comparer les REDD aux systèmes passés de domination et d'exploitation de l'Afrique et des Africains, et d'examiner la résistance correspondante et les stratégies d'émancipation n'est pas un exercice futile ou abstrait. On peut espérer qu'il puisse aider à évaluer et à créer des pistes pour stopper les REDD et l'accaparement du continent en comparant non pas simplement le phénomène, mais aussi les rapports de forces ainsi que les conditions, les structures, les ressources économiques, matérielles et humaines, la conscience et le leadership de la résistance.

4. Global Alliance against REDD. Wielding the Power of Vision and Naming to Halt Skyocide and Carbon Imperialism, p. 1.

19

Comparaison entre le colonialisme et les REDD

Le tableau ci-dessous présente les similarités et différences entre le colonialisme et les REDD. Il y a beaucoup de chevauchements et de similarités en ce qui concerne les expropriations territoriales, les « accaparements de terres, » le reformatage et la marchandisation de la nature et de la main-d'œuvre, ainsi que le rôle, les avantages et les profits pour les marchés du Nord. « Accaparements de terres » est un terme qui dépolitise et rend invisibles les auteurs et les victimes des expropriations territoriales ainsi que les motifs économiques et géopolitiques derrière la mainmise des terres. Le terme évoque un bébé qui accapare de la nourriture et, par conséquent, infantilise un projet néocolonialiste ou impérialiste qui bien souvent est mieux décrit comme une expropriation ou invasion. Le racisme va main dans la main avec le colonialisme et fait probablement partie des REDD. Selon *NO REDD ! in RIO 20 – A Declaration to Decolonize the Earth and the Sky of the Global Alliance of Indigenous Peoples and Local Communities on Climate Change against REDD* :

> Tout comme historiquement la doctrine de la découverte a servi à justifier la première vague de colonialisme en alléguant que les peuples autochtones n'avaient pas d'âme, et que nos terres étaient « *terra nullius,* » territoire sans maître, aujourd'hui l'économie verte et REDD inventent de la même manière des prémisses malhonnêtes pour justifier cette nouvelle vague de colonisation et de privatisation de la nature. Les peuples autochtones et les paysans sont tués, réinstallés de force, criminalisés et blâmés pour les changements climatiques. Notre terre est qualifiée « d'inutilisée, » « dégradée » ou a besoin d'être « conservée » ou « reboisée », pour justifier des accaparements de terres massifs pour REDD , les projets de compensation carbone et la biopiraterie.[1]

Il serait utile d'effectuer une analyse comparative plus approfondie sur le reformatage de la nature par le colonialisme et les REDD. Une telle analyse jetterait de la lumière sur l'appropriation d'aspects et de processus de la nature à différents moments de l'histoire comme la terre ou le cycle du carbone dans l'atmosphère, et leur conversion en capital et nouveaux marchés, créant ainsi de

---

1. Global Alliance of Indigenous Peoples and Local Communities on Climate Change against REDD , NO REDD ! in RIO 20 – A Declaration to Decolonize the Earth and the Sky http://www.redd-monitor.org/2012/06/19/no-redd-in-rio-20-a-declaration-to-decolonize-the-earth-and-the-sky/

nouveaux types de relations entre l'humanité et les autres espèces et même avec l'air que nous respirons.

Les REDD et l'économie verte convertissent en marchandise toute la nature et les processus naturels en les transformant en « biens et services environnementaux. » Les promoteurs et investisseurs des REDD ne sont pas tous originaires de l'Europe ou des États-Unis ; certains d'entre eux viennent du sud mondial, notamment du Brésil. De plus, les investisseurs étrangers n'agissent pas seuls et les élites politiques et économiques facilitent l'expropriation des terres paysannes et engendrent indirectement des centaines de conflits territoriaux.

Le plus important pour le stoppage des REDD et de l'accaparement du continent, c'est qu'il existe des différences majeures avec les luttes précédentes contre le colonialisme : manque d'appuis, d'alliés, de financement, de formation d'instruments internationaux, de cadres juridiques, de soutien de l'ONU, de conscience des peuples, d'un mouvement de masse continental (et mondial), mais aussi l'absence d'intellectuels et de penseurs anticolonialistes qui se consacrent aux REDD et à l'économie verte et articulent un cadre analytique de résistance. Hélas, il y a une dislocation entre l'ampleur de la menace systémique et structurelle des REDD et l'articulation de la résistance.

Dans le passé, les peuples et les mouvements de libération nationale ont résisté au colonialisme. Dans le cas des REDD, seule une poignée de communautés individuelles essaient de défendre leurs droits de l'homme et leurs droits fonciers. De toute évidence, nous vivons un moment historique bien distinct de celui de la lutte contre le colonialisme et pour l'indépendance en Afrique. Que ce soit la conscience, le leadership, les mouvements de masse, le soutien international, la solidarité et les alliés, rien n'est comparable aujourd'hui.

Créons un nouveau mouvement de libération pour nous libérer de la dette immorale et du néocolonialisme. C'est une voie d'avenir. L'autre, c'est l'unité panafricaine.

– *Julius Nyerere*[2]

Mener cette lutte anticolonialiste est une tâche titanesque pour la société civile, les mouvements sociaux et les ONG, notamment parce que la plupart des citoyens ne savent même pas que les REDD existent. Néanmoins, nous pouvons nous baser sur les luttes anticolonialistes et pour l'indépendance du passé en cadrant la lutte contre les REDD dans leurs termes.

Maintes fois dans l'histoire, exiger l'impossible a été une nécessité. C'est encore une fois le cas aujourd'hui. Avec « un espoir obstiné,[3] » le *Réseau Pas de REDD en Afrique* et les communautés et peuples autochtones du continent vous invitent à vous joindre à la résistance aux REDD.

---

2. « *The Heart Of Africa: Interview With Julius Nyerere On Anti-Colonialism with Ikaweba Bunting,* » *New Internationalist Magazine,* numéro 309, janvier-février 1999

3. Dennis Brutus, « Stubborn Hope – Selected Poems of South Africa and a Wider World » http://www.unz.org/Pub/BrutusDennis-1979.

Critère de comparaison	Colonialisme	REDD	Notes
Économie	Colon	Colon — impérialiste Capitalisme vert Économie verte Financiarisation, Marché du carbone mondial Convergence des régimes mondiaux du climat, du commerce et de la finance	Compensation de toute la chaîne d'approvisionnement des marchandises et de la matrice énergétique
Marchandises	Terres, main-d'œuvre, esclaves, or, cultures	– Bois, biodiversité, cultures – Création de nouvelles marchandises : biens et services environnementaux ; Biens : compensations, vie, nature, terre, air, eau, services de biodiversité : processus naturels	Mais les terres accaparées et les ressources *in situ* sont des éléments énormes des REDD : l'extraction de l'eau, des combustibles fossiles, des métaux et minéraux, lesquels peuvent aussi être destinés à l'exportation. Le Socio-Bosque de type REDD en Équateur qui permet l'extraction des combustibles fossiles et les mines montre que les REDD africains pourraient éventuellement faire la même chose.
Marchés	Pays et sociétés privées du nord	Pays et entreprises privées du nord, transnationales, marchés du carbone	

Reformatage et marchandisation de la nature	Reformate une partie de la nature en tant que « matières premières »	Reformate TOUTE la nature et les processus naturels au complet en biens et services écosystémiques qui deviennent de nouvelles marchandises mesurables et vendables.	Les REDD reformatent l'air, les forêts, l'agriculture, les terres humides, les mangroves et les écosystèmes aquatiques, même lorsqu'ils prétendent le contraire.
Types d'agriculture	Plantations	Plantations de crédits de carbone, bois, cultures et agrocarburants	
Régimes fonciers privés	Une partie des terres devient propriété privée	TOUTES les terres, l'eau, la vie et le ciel deviennent propriété privée La portée englobe toutes les choses, les êtres, les aspects (même la beauté) et les processus	
Application des droits fonciers	Enclos et clôtures gardes armés	Enclos, clôtures, gardes armés, Surveillance par satellite, capteurs distants et militarisation	
Colons	Européens	Européens, Norvège, États-Unis, Chine, BRICS, surtout le Brésil	États élites africaines complices
Colonisés	États et peuples du Sud	États ? peuples, communautés du Sud	
Formes de colonisation	Accaparement du continent, invasion, militarisation, esclavage	Accaparement du continent, violence, militarisation, esclavage, servitude	

Prémisse raciste	Justifications racistes et religieuses Doctrine de la découverte, « Terra nullius, » Bulles papales, etc.	Prémisses malhonnêtes similaires enrobées dans la « lutte contre la déforestation » et l'utilisation de « terres inutilisées »	
Lutte pour	Indépendance ; libération ; autogouvernement	Défendre le régime foncier et les droits	
Modes de résistance	Mouvements politiques et armés de libération populaire nationale	Résistance politique et non-violente, isolée et petite	
Conscience et esprit	– Conscience et engagement à un niveau élevé dans l'histoire — Effervescence	– Manque de conscience – Apathie relative	
Dirigeants de la résistance	– Plusieurs générations y compris des politiciens et intellectuels – Beaucoup d'entre eux assassinés	Communautés en première ligne, peuples autochtones, quelques militants des mouvements sociaux et environnementaux ; dispersés et non articulés, très peu de politiciens et intellectuels	
Alliés	Autres pays africains, Chine, URSS, Cuba, Nations Unies	Très peu d'alliés Organisations de droits de l'homme internationales insensibles La plupart des ONG appuient les REDD	Mouvements sociaux La Via Campesina ; quelques réseaux

Donateurs	Gens, autres pays africains, Chine, URSS, Cuba	Zéro	La plupart des donateurs appuient les REDD
Soutien	Gens, autres pays africains, Chine, URSS, Cuba	Zéro	
Formation	Autres pays africains, Chine, URSS, Cuba	Zéro	
Entités internationales	Comité spécial de la décolonisation de l'ONU POUR LES ÉTATS-NATIONS pas pour les communautés ou peuples autochtones	– L'ONU fait la promotion des REDD (UN-REDD, Banque mondiale, PNUE, PNUD, etc.) – Mécanismes des droits de l'homme insensibles à la dénonciation des violations, c.-à-d. Rapporteur spécial sur les peuples autochtones, CÉDR, etc. – Commission africaine	– L'IPNUQA (UNPFII) a mené une chasse aux sorcières contre les peuples autochtones opposés aux REDD en les qualifiant de radicaux – Abus de la DNUDPA en alléguant que la participation aux REDD est du développement autodéterminé
Cadre juridique	Pactes internationaux – Droit à l'autodétermination	– Aucun instrument opposé aux REDD – Aucune jurisprudence établie sur les violations	

Cadre analytique de la résistance	Corps de pensée énorme tant africain qu'étranger accumulé pendant plusieurs siècles sur l'abolition de l'esclavage, le colonialisme, le capitalisme, l'impérialisme, l'indépendance, les mouvements de libération ; des siècles de luttes, de mouvements et de praxis	– En cours de formation ; relativement minuscule — surtout descriptif des REDD, de leurs impacts, et de l'économie verte
		   – Presque rien sur les stratégies de résistance
		   Très peu de luttes explicitement contre les REDD

Annexe 1 : Violations des droits des peuples autochtones

Indigenous Environmental Network

« La promotion de REDD au Chiapas, que le gouvernement met en œuvre sans nous consulter, est une source de conflits entre nos peuples… Cette omission de nous consulter viole nos droits de l'homme ainsi que des conventions internationales comme la Déclaration des Nations Unies sur les droits des peuples autochtones. – Francisco Hernandez Maldonado du peuple Tzeltal[1]

En tant qu'Autochtones et peuples, les peuples autochtones ont des droits collectifs et individuels spécifiques dont les communautés non autochtones ne jouissent pas. Les droits des peuples autochtones incluent les droits reconnus et inclus dans la Déclaration des Nations Unies sur les droits des peuples autochtones (DNUDPA)[2] et la Convention 169 de l'OIT.[3] La jurisprudence croissante sur les droits des peuples autochtones au sein des organes conventionnels de l'ONU[4] est également importante ainsi que celle des organes de droits de l'homme régionaux comme la Commission interaméricaine des droits de l'homme et la Cour interaméricaine des droits de l'homme de l'Organisation des États américains, la Commission africaine des droits de l'homme et des peuples et divers mécanismes de droits de l'homme de l'Union européenne. Un nombre croissant d'États a aussi intégré la Déclaration des Nations Unies dans leurs constitutions et systèmes juridiques.

Néanmoins, de nombreux États continuent d'ignorer purement et simplement les droits des peuples autochtones. De plus, trop souvent, les

---

1. *Commentaires écrits de Francisco Hernández Maldonado, représentant Tzeltal (Comisariado Ejidal) de la communauté Amador Hernández dans la forêt de Lacandon au Chiapas, Mexique, soumis au California Air Resources Board* http://climateconnect.wpengine.com/2011/08/23/environmental-indigenous-peoples-and-human-rights-groups-reject-international-offsets-in-californias-global-warming-solutions-act/

2. http://www.un.org/esa/socdev/unpfii/documents/DRIPS_fr.pdf Cette déclaration est également annexée au présent document.

3. http://www.ilo.org/global/topics/indigenous-tribal/lang--fr/index.htm

4. Par exemple, le Pacte international relatif aux droits civils et politiques http://www.ohchr.org/fr/professionalinterest/pages/ccpr.aspx et le Pacte international relatif aux droits économiques, sociaux et culturels http://www.ohchr.org/FR/ProfessionalInterest/Pages/CESCR.aspx. Il va sans dire que la Convention internationale sur l'élimination de toutes les formes de discrimination raciale (CERD), http://www.ohchr.org/FR/ProfessionalInterest/Pages/CERD.aspx, la Convention sur l'élimination de toutes les formes de discrimination à l'égard des femmes (CEDAW) http://www.ohchr.org/FR/ProfessionalInterest/Pages/CERD.aspx et la Convention relative aux droits de l'enfant http://www.ohchr.org/FR/ProfessionalInterest/Pages/CRC.aspx sont également toutes pertinentes.

journalistes, les promoteurs de projets, les entreprises, les gouvernements, les ONG, les consultants et même certains documents des Nations Unies et projets de la Banque mondiale ne nomment pas les peuples autochtones et se réfèrent à eux avec des termes comme « populations, » « communautés, » « parties intéressées, » « minorités, » « villageois, » « résidents locaux, » « petits paysans, » « immigrants, » « travailleurs, » « réfugiés, » « victimes, » « voisins, » « femmes, » « enfants » ou « les pauvres. » « Groupes vulnérables » est aussi un terme favori très courant. Ainsi, les peuples autochtones sont involontairement ou intentionnellement rendus invisibles, leurs droits spécifiques ne sont pas reconnus et l'existence ou l'ampleur des violations de leurs droits ignorées. Ce manque est particulièrement évident dans le cas des domaines émergents de violation des droits des peuples autochtones comme le commerce du carbone, le mécanisme de développement propre et le mécanisme de compensation de carbone forestier connu sous le nom de REDD (Réduction des émissions issues de la déforestation et de la dégradation des forêts).

REDD est négocié principalement au sein de la Convention-cadre des Nations Unies sur les changements climatiques (CCNUCC). Dans ces négociations de la CCNUCC, de nombreux États et les États-Unis soutiennent que la Déclaration des Nations Unies sur les droits des peuples autochtones est une déclaration « velléitaire » et n'est donc pas juridiquement contraignante. Cet argument ne tient pas compte des rapports et conclusions des procédures spéciales de l'ONU ni de la jurisprudence internationale, laquelle indique que les droits des peuples autochtones reconnus dans la Déclaration de l'ONU sont juridiquement contraignants, y compris le droit de consentement préalable donné librement et en connaissance de cause. Malheureusement, ces mêmes États et d'autres ignorent aussi la jurisprudence internationale juridiquement contraignante même lorsqu'elle s'applique directement à eux.

En plus de refuser d'appliquer la DNUDPA dans les négociations sur les changements climatiques, certains États tentent d'éviter de se conformer à leurs obligations en matière de droits de l'homme en refusant même de reconnaître l'existence de peuples autochtones à l'intérieur de l'État. D'autres ne reconnaissent les peuples autochtones que partiellement, en reconnaissant certains peuples et en n'en reconnaissant pas d'autres. Un pays est en train de supprimer toutes les références aux peuples autochtones dans sa constitution et ses lois, et déclare maintenant qu'il n'y a pas de peuples autochtones dans son État. Mais les États ne créent pas les peuples autochtones et ils peuvent encore moins les effacer. Les droits s'appliquent et doivent être reconnus, protégés et mis en œuvre, peu importe si les États reconnaissent formellement ou non l'existence des peuples autochtones. C'est particulièrement vrai dans le cas des REDD dont beaucoup craignent qu'ils puissent être à l'origine du plus grand accaparement de terres de l'histoire et cause un génocide.

Dans sa première déclaration aux Nations Unies sur les REDD, le Forum international des peuples autochtones sur les changements climatiques, qui constitue le caucus autochtone de la Convention-cadre des Nations Unies sur les changements climatiques, a averti que :

> Les REDD ne profiteront pas aux peuples autochtones, mais, en fait, ils produiront plus de violations des droits des peuples autochtones. Ils augmenteront la violation de nos droits de la personne, nos droits aux terres, aux territoires et aux ressources ; ils voleront nos terres, ils forceront l'éviction forcée, ils empêcheront l'accès aux terres et menaceront les pratiques agricoles autochtones, ils détruiront la biodiversité et la diversité culturelle et ils causeront des conflits sociaux. Dans le cadre des REDD, les États et les négociants du carbone accroîtront leur contrôle sur nos forêts.
>
> La Déclaration des Nations Unies sur les droits des peuples autochtones… consacre des droits fondamentaux des peuples autochtones qui sont pertinents aux discussions sur les REDD, particulièrement l'article 10 [Droit de ne pas être enlevés de force], Article 26 [Droit aux terres, aux territoires et aux ressources], Article 27 [Droit à la reconnaissance juridique de leurs terres], Article 28 [Droit à réparation, restitution et indemnisation], Article 29 [Droit à la conservation et à la protection de leur environnement], Article 30 [Les activités militaires n'auront pas lieu sur les terres et territoires autochtones] et Article 32 [Droit au développement et à établir les priorités et stratégies de développement ; droit au consentement donné librement et en connaissance de cause avant l'approbation de tout projet ayant des incidences sur leurs terres, territoires et ressources].[5]

De plus, parmi d'autres droits des peuples autochtones qui sont probablement violés par les REDD, on trouve : Article 18 —Droit de participer à la prise de décision, Article 20 —droit à leurs propres moyens de subsistance et de développement, Article 2 —Droit de ne subir aucune discrimination, Article 12 —droit aux traditions spirituelles et aux sites sacrés, Article 24 —Droit à leurs pharmacopées traditionnelles, Article 25 —droit aux liens spirituels avec les terres, les territoires et les ressources, Article 4 —Droit d'être autonome et de s'administrer soi-même et, bien sûr, le transversal Article 3 — Droit à l'autodétermination.

Quelques droits additionnels sont violés dans le cas de projets REDD, sur les terres et territoires de peuples autochtones en situation d'isolement volontaire ou les peuples autochtones très vulnérables, notamment Article 7 — Droit à la vie et à la liberté, Article 8 — Droit de ne pas subir d'assimilation

5. Forum international des peuples autochtones sur les changements climatiques, CCNUCC, COP13, décembre 2007, Bali, Indonésie, SBSTA 27, point 5 à l'ordre du jour/REDD, Alliance internationale des peuples autochtones et tribaux des forêts tropicales http://www.international-alliance.org/documents/IFIPCC Statement on REDD.doc

forcée ou de destruction de leur culture ; droit de ne pas être privés de leur intégrité en tant que peuple et de leurs terres, territoires ou ressources ; toutes les dispositions du Projet de directives pour la protection des peuples autochtones en situation d'isolement volontaire[6] ainsi que l'article 2 (c) de la Convention pour la prévention et la répression du crime de génocide, « Soumission intentionnelle du groupe à des conditions d'existence devant entraîner sa destruction physique totale ou partielle.[7] »

Il est crucial de mobiliser l'engagement de mener une recherche exhaustive et de signaler les cas de peuples autochtones touchés par ces mécanismes de compensation carbone. Le présent guide de référence rapide vise à fournir une lunette pour combattre l'invisibilité et l'occultation des violations des droits des peuples autochtones causées par les projets REDD, pour s'assurer que la gamme complète de ces violations soit identifiée et que les instruments, normes et réparations correspondants soient appliqués.

Liste d'articles de la DNUDPA fréquemment violés par les projets REDD qui touchent les peuples autochtones

Articles 10 [Droit de ne pas être enlevés de force], Article 26 [Droit aux terres, territoires et ressources], Article 27 [Droit à la reconnaissance des droits sur les terres], Article 28 [Droit à réparation, restitution et indemnisation], Article 29 [Droit à la préservation et à la protection de leur environnement], Article 30 [Les activités militaires n'auront pas lieu sur les terres et territoires] et Article 32 [Droit au développement et de définir les priorités et stratégies de développement ; droit au consentement préalable donné librement et en connaissance de cause pour tout projet ayant des incidences sur leurs terres, territoires et ressources], Article 18 – Droit de participer à la prise de décision, Article 20 – Droit de disposer de leurs propres moyens de subsistance et de développement, Article 2 – Droit de ne faire d'objet d'aucune discrimination, Article 12 – Droit aux traditions spirituelles et aux sites sacrés, Article 24 – Droit aux pratiques médicales traditionnelles, Article 25 – Droit aux liens spirituels avec les terres, les territoires et les ressources, Article 4 – Droit d'être autonomes et de s'administrer eux-mêmes et l'Article 3 transversal – Droit à l'autodétermination.

Articles additionnels violés par les projets REDD qui touchent les peuples autochtones en situation d'isolement volontaire ou les peuples autochtones très vulnérables

Article 7 — Droit à la vie et à la liberté, Article 8 — droit de ne pas subir d'assimilation forcée ou de destruction de leur culture ; droit de ne pas être privés de leur intégrité en tant que peuples distincts ou de leurs terres, territoires

---

6. Voir https://documents-dds-ny.un.org/doc/UNDOC/GEN/G09/144/45/PDF/G0914445.pdf
7. http://www.ohchr.org/FR/ProfessionalInterest/Pages/CrimeOfGenocide.aspx

ou ressources ; toutes les dispositions du Projet de directives pour la protection des peuples autochtones en situation d'isolement ainsi que l'Article 2 (c) sur la « Soumission intentionnelle du groupe à des conditions d'existence devant entraîner sa destruction physique totale ou partielle ; » de la Convention pour la prévention et la répression du crime de génocide.

Directives :

https://documents-dds-ny.un.org/doc/UNDOC/GEN/G09/144/45/PDF/G0914445.pdf

Convention pour la prévention et la répression du crime de génocide

http://www.ohchr.org/FR/ProfessionalInterest/Pages/CrimeOfGenocide.aspx

---

Guide succinct sur les droits des peuples autochtones établis dans la Déclaration des Nations Unies sur les droits des peuples autochtones

Article 1 — Droit à l'ensemble des droits

Article 2 — Droit de ne faire l'objet d'aucune discrimination

Article 3 — Droit à l'autodétermination

Article 4 — Droit d'être autonome et de s'administrer soi-même

Article 5 — Droit à leurs propres institutions

Article 6 — Droit à une nationalité

Article 7 — Droit à la vie et à la liberté

Article 8 — Droit de ne pas subir d'assimilation forcée ou de destruction de leur culture ; droit de ne pas être privés de leur intégrité en tant que peuple et de leurs terres, territoires ou ressources

Article 9 — Droit d'appartenir à une communauté ou nation autochtone

Article 10 — Droit de ne pas être enlevés de force

Article 11 — Droit aux traditions culturelles et aux sites archéologiques

Article 12 — Droit aux traditions spirituelles et aux sites sacrés

Article 13 — Droit à l'histoire et à la langue autochtones

Article 14 — Droit à ses propres systèmes d'éducation

Article 15 — Droit à ce que leur culture et histoire soient reflétées dans les systèmes d'éducation

Article 16 — Droit d'établir leurs propres médias

Article 17 — Droits des travailleurs et travailleuses autochtones

Article 18 — Droit de participer à la prise de décision

Article 19 — Droit au consentement préalable, donné librement et en connaissance de cause

Article 20 — Droit à leurs propres moyens de subsistance et de développement

Article 21 — Droit d'améliorer leur situation économique et sociale

Article 22 — Droits des personnes handicapées autochtones

Article 23 — Droit au développement

Article 24 — Droit à leurs pharmacopées traditionnelles

Article 25 — Droit aux liens spirituels avec les terres, les territoires et les ressources

Article 26 — Droit aux terres, aux territoires et aux ressources

Article 27 — Droit à la reconnaissance juridique de leurs terres

Article 28 — Droit à réparation, restitution et indemnisation

Article 29 — Droit à la conservation et à la protection de leur environnement

Article 30 – Les activités militaires n'auront pas lieu sur les terres et territoires autochtones

Article 31 — Droit au patrimoine culturel, au savoir traditionnel, aux ressources humaines et génétiques et à la propriété intellectuelle

Article 32 – Droit au développement et à établir les priorités et stratégies de développement ; droit au consentement préalable donné librement et en connaissance de cause avant l'approbation de tout projet ayant des incidences sur leurs terres, territoires et ressources

Article 33 — Droit de décider de leur identité et appartenance

Article 34 — Droit à leurs propres structures institutionnelles

Article 35 — Droit de déterminer les responsabilités des individus envers leur communauté

Article 36 — Droit de traverser les frontières (pour les peuples transfrontaliers)

Article 37 — Droit aux traités

Article 38 — Mesures appropriées pour atteindre les buts de la présente Déclaration

Article 39 — Droit à une assistance de la part des États pour jouir des droits

Article 40 — Droit à des procédures justes

Article 41 — Contribution de l'ONU à la pleine mise en œuvre de la Déclaration

Article 42 – L'ONU et le Forum permanent favorisent la pleine application de la Déclaration

Article 43 — La Déclaration constitue les normes minimales

Article 44 — Droits garantis de manière égale, tant aux hommes qu'aux femmes

Article 45 – La Déclaration ne diminue ni éteint aucun droit actuel ou futur.

Article 46 — Intégrité territoriale des États et limitations

Annexe 2 : Violation du consentement préalable

Au moins dix des seize pays ayant un programme national avec REDD-ONU ont violé le droit au consentement préalable, donné librement et en connaissance de cause et le droit de participation de la société civile et des peuples autochtones aux processus liés aux REDD.

Pour les détails voir Carbon Trade Watch
http://www.carbontradewatch.org/articles/violation-of-free-prior-and-informed-consent-by-un-redd-and-redd.html

Annexe 3 : Un REDD Sud-Sud

REDD Sud-Sud : Une initiative conjointe du Brésil et du Mozambique est un modèle de stratégie REDD nationale « pertinente pour toute l'Afrique[1] » mis en œuvre au Mozambique avec l'appui de la Fundação Amazonas Sustentável (FAS), le programme Bolsa Floresta et le projet REDD pilote de Juma. Cette initiative semble être le prototype de l'Initiative Sud-Sud Brésil-Afrique de promotion des REDD dans 15 pays africains (qui incluent entre autres probablement la République centrafricaine, le Cameroun, la République démocratique du Congo, le Gabon, le Madagascar et la République du Congo,[2] en plus du Mozambique).

Le Fonds de l'Amazone chargé de la promotion des REDD dans l'Amazonie brésilienne a été créé avec un don d'un milliard de dollars de la Norvège et est géré par la Banque nationale brésilienne (BNDES). Les critiques de la FAS ne manquent pas de signaler que la BNDES finance des mégaprojets et la production d'agrocarburants en Amazonie, lesquels sont d'importants facteurs de la déforestation. Le financement de la Norvège a aussi été dénoncé comme de l'écoblanchiment pour le contrat majeur entre Statoil, la pétrolière étatique norvégienne, et Petrobras pour le forage pétrolier en haute mer, lequel pourrait avoir un effet dévastateur sur l'environnement et les moyens de subsistance des communautés qui vivent sur la splendide côte brésilienne.[3] Étant donné ce piètre paravent des industries extractives destructrices et cette banque qui finance la déforestation, le Fonds de l'Amazone n'est pas un modèle de REDD particulièrement encourageant pour l'Afrique.

Le programme Bolsa Floresta comprend différentes formules de paiement (voir ci-dessous). Il semble être une sorte de bien-être REDD qui pourrait créer une dépendance et dollariser les cultures autochtones et locales. Une des plus grandes préoccupations à propos de la *Bolsa Floresta Familiar*, qui paye les familles 25 \$US par mois à l'aide d'une carte de guichet automatique en échange de la promesse de ne pas déboiser ni de pratiquer l'agriculture traditionnelle, est que l'argent de la Bolsa Floresta pourrait bien être moins que la valeur de la subsistance et de l'alimentation que l'accès libre à la forêt procure aux familles. Si c'est le cas, REDD causerait déjà la malnutrition et même la faim.

Dans le reportage vidéo[4] de Mark Shapiro à PBS sur le projet Juma,

---

1. « Cooperação Sul-Sul Sobre Redd Uma Iniciativa Moçambique - Brasil Para O Desmatamento Zero Com Relevância Pan-Africana » http://pubs.iied.org/pdfs/G02605.pdf

2. « FCPF, GEF Organize Brazil-Africa Event on REDD and Community Forestry » http://enb.iisd.mobi/news/?bid=6&pid=64252

3. Voir « Extractive Industries and REDD » dans *No REDD! Reader http://www.carbontradewatch.org/ publications/no-redd-a-reader.html*

4. PBS/Frontline World et Centre for Investigative Journalism, « Carbon Watch: Brazil, the Money Tree, » http://www.pbs.org/frontlineworld/stories/carbonwatch/moneytree/

une femme autochtone est brièvement interviewée sur les paiements de la Bolsa Floresta. Elle y explique que la moitié de l'argent est dépensé pour acheter l'essence pour descendre la rivière chaque mois pour atteindre le guichet automatique. On voit son mari à l'arrière-plan à qui on a interdit de pratiquer l'agriculture. Lorsqu'on lui demande si les paiements de Bolsa Floresta sont suffisants, la femme répond : « Non. » Cependant, il y a des divergences d'opinions parmi les membres de la communauté quant à leur satisfaction à l'égard du programme. Il serait extrêmement utile pour la société civile mozambicaine d'obtenir une évaluation indépendante et complète du projet Juma et de Bolsa Floresta, car cela lui permettrait d'élaborer une stratégie pour réagir à cette initiative REDD Sud-Sud et serait probablement éventuellement utile à d'autres pays africains également inclus dans l'Initiative Sud-Sud Brésil Afrique.

Voici une description en langue portugaise de certains aspects du REDD Sud-Sud : une Initiative Brésil-Mozambique :

COOPERAÇÃO SUL-SUL SOBRE REDD UMA INICIATIVA MOÇAMBIQUE-BRASIL PARA O DESMATAMENTO ZERO COM RELEVÂNCIA PAN-AFRICANA page 5 http://pubs.iied.org/pdfs/G02605.pdf No Brasil, a Fundação Amazonas Sustentável (FAS) possui experiência no planeamento e implementação de mecanismos de pagamentos por serviços ambientais, através do Programa Bolsa Floresta (PBF). O PBF visa beneficiar financeiramente as famílias e comunidades e comunidades residentes nas Unidades de Conservação do Estado do Amazonas que se comprometem a realizar acções para reduzir a zero o desmatamento. O PBF começou como um programa estatal do Governo do Amazonas e agora é administrado pela FAS. Actualmente, os pagamentos já beneficiam mais de 6.000 famílias em 14 Unidades de Conservação , cobrindo mais de 10 milhões de hectares. O PBF possui uma série de características exclusivas, as quais garantem a sua abordagem rigorosa na busca do 'desmatamento zero'. A estrutura do programa está dividida em quatro componentes, criando um equilíbrio nos incentivos que fazem que a busca pelo 'desmatamento zero' seja atractiva economicamente para as famílias e comunidades. As componentes estão descritas a seguir: (i) Bolsa Floresta Familiar: pagamento directo através de uma recompensa mensal às famílias participantes (US$25,00 por mês) na qual a distribuição do dinheiro é realizada através da utilização de um cartão de débito para saque, num sistema administrado por um banco popular do Brasil (Bradesco). Para receber o benefício, as famílias assinam um acordo com o Governo do Estado comprometendo-se a não desmatar florestas primárias nas reservas em que moram. A FAS e o Governo são as responsáveil pelo monitoramento do desmatamento dentro das reservas;

(ii) Bolsa Floresta Associação – pagamento directo às associações das comunidades visando fortalecer a governação local e a participação de interessados (equivalente a 10% da soma do montante destinado às famílias – aproximadamente US$500,00 por mês); (iii) Bolsa Floresta Renda – investimento na produção sustentável das comunidades, sem queimadas, baseada no maneio de recurso naturais (US$175.00 por ano); multiplicado pelo número de famílias. En média, US$70.000 por área protegida por ano); (iv) Bolsa Floresta Social – destinado às comunidades para investimento na melhoria da saúde, educação, comunicação e transporte (US$175,00por ano multiplicado pelo número de famílias. Em média, US$70.000 por área protegida por ano). A FAS é também responsável pela coordenação e implementação do Projecto de REDD da RDS do Juma, o primeiro projecto de REDD do Brasil, certificado de acordo com os critérios do CCBA (Climate, Community and Biodiverstiy) pela TUV-SUD e também o primeiro do mundo a obter o nível ouro de qualidade.

Une liste provisoire des participants à cette Initiative Sud-Sud Brésil-Mozambique comprend d'importants acteurs nationaux et internationaux dont plusieurs ministères du gouvernement du Mozambique, l'UICN, la Banque mondiale, la Norvège, Indufor, une société de plantations, et WWF.

Au Sommet sur le climat de Copenhague, Indufor avait préparé un événement parallèle où des membres de la délégation du Mozambique ainsi que la FAS présenteraient l'Initiative REDD Sud-Sud et le plan de route vers un plan d'action national pour REDD .

Cette initiative Sud-Sud travaille sur plusieurs projets pilotes, notamment « l'établissement de plantations », lequel a été un enjeu extrêmement contesté et même conflictuel au Mozambique au cours des dernières années et intimement lié aux accaparements de terres à grande échelle. Les zones des projets pilotes sont, par ordre de priorité, « Chicualalacua-Mabalane-Guija à Gaza ; la zone tampon Chipanje Chetu du parc national Gorongoza à Sofala, le district de Mecuburi, dans Nampula et Chipanje Chetu au Niassa. » On s'intéresse également à « une taxe destinée à l'établissement de projets de forêts et d'agroforesterie, » à une initiative appelée « un leader, une forêt » et à « ce qui pourrait être admissible à un financement REDD dans chacun des principaux secteurs : environnement, agriculture, foresterie, mines [?!] et développement d'infrastructures. »

Le projet Sud-Sud comprend des efforts pour réformer le cadre juridique du Mozambique pour faciliter la mise en œuvre des projets REDD et accaparer implicitement des terres. « Le chapitre décrit aussi comment la législation actuelle ouvre la voie à REDD , notamment à travers la loi foncière (1997) la loi environnementale (1997), la loi sur les forêts et la faune (1999) et la réglementation subséquente (2002). Il existe aussi de l'enthousiasme pour « développer une législation sur les droits carbone » et « promouvoir les droits communautaires de propriété et d'utilisation — y compris sur le carbone. » C'est très important de ne pas être leurré par le discours REDD de promotion des droits fonciers des communautés. La seule raison pour laquelle une attention est portée sur les droits fonciers communautaires est pour être en mesure d'obtenir les droits sur le carbone et la terre pour la mise en œuvre des REDD. Le rapport sur les coûts financiers des REDD, *The Financial Costs of REDD,*[5] préparé par l'UICN et financé par la tristement célèbre minière Rio Tinto (qui est aussi active au Mozambique) semble laisser croire qu'il est beaucoup moins coûteux de réaliser un projet REDD en accordant aux communautés et aux peuples autochtones leurs droits fonciers à la condition qu'ils exécutent le REDD, au lieu de payer des barons de plantations de soja ou des entreprises forestières pour ne pas déboiser. Il est plus qu'ironique que si une communauté « obtient » ses droits fonciers dans le cadre d'un projet REDD, ce même projet pourrait lui interdire d'exercer ces droits (c.-à-d. en rendant illégale l'agriculture traditionnelle ou en limitant l'accès même aux terres). L'obtention de droits fonciers communautaires à travers les REDD est une chimère très décevante qu'il faut démystifier d'autant plus que ce stratagème trompe un grand nombre d'organisations et même de mouvements nationaux autochtones.

Pour les paysans du Mozambique, il est significatif que le projet Sud-Sud prévoie augmenter « la productivité agricole en incluant les approches de la « révolution verte" et de « l'agriculture de conservation" » dans le cadre du REDD. Cela sent comme de l'agrobusiness pour des crédits REDD et il faudra poursuivre la surveillance et la recherche sur ce projet.

Paradoxalement, le projet Sud-Sud salut les garanties REDD qui dans les faits n'assurent pas de protection. « Cet enjeu soulève l'importance des garanties, lesquelles assurent que les REDD et même les projets de MDP, comme ceux de plantations à grande échelle qui visent à toucher des crédits de carbone, ne causent pas plus de dommages (aux populations, à l'État et aux ressources) que de bien. » Étant donné ce que nous savons à propos des effets sociaux et environnementaux des plantations, cela sonne bien comme des aspirations creuses.

---

5. Financial Costs of REDD: Evidence from Brazil and Indonesia http://cmsdata.iucn.org/sites/dev/files/import/downloads/costs_of_redd_summary_brochure.pdf

Annexe 4 : Ressources pour l'analyse et l'action

La présente annexe contient une liste de ressources documentaires que vous pouvez consulter ainsi que les références déjà mentionnées dans les notes de bas de page.

Documents du Réseau Pas de REDD en Afrique

- Union des Africains contre la nouvelle forme de colonialisme : Né le nouveau réseau No REDD http://www.no-redd-africa.org/images/pdf/Reseau%20contre%20REDD%20en%20Afrique%20-%20press%20release.pdf
- Divers documents en français http://no-redd-africa.org/index.php/component/tags/tag/4-french
- The No REDD in Africa Maputo Declaration http://no-redd-africa.org/index.php/declarations/42-maputo-statement-no-redd-in-africa-network-declaration-on-redd
- Une douzaine des pires projets type REDD qui affectent les peuples autochtones et communautés locales http://www.no-redd-africa.org/images/pdf/Fracais/unedouzainedespiresprojetsREDD.pdf

SITES WEB

No REDD http://no-redd.com
No REDD In Africa Network http://no-redd-africa.org/
Carbon Trade Watch http://www.carbontradewatch.org/
Mouvement mondial pour les forêts tropicales http://wrm.org.uy/fr/
REDD Monitor http://www.redd-monitor.org/

VIDÉOS

Exposing REDD http://www.redd-monitor.org/2012/10/30/new-video-exposing-redd-the-false-climate-solution/

Darker Shade of Green – REDD *Alert* https://www.youtube.com/watch?v=FPFPUhsWMaQ

Money Tree PBS/Frontline World, Carbon Watch, Centre for Investigative Journalism http://www.pbs.org/frontlineworld/stories/carbonwatch/moneytree/

The Story of Cap and Trade, Annie Leonard https://www.youtube.com/watch?v=pA6FSy6EKrM

PUBLICATIONS

REDD= Reaping profits from Evictions, land grabs, Deforestation and Destruction of biodiversity. Indigenous Environmental Network, http://www.ienearth.org/REDD/index.html

The No REDD Reader http://www.carbontradewatch.org/publications/no-redd-a-reader.html

The No REDD Papers, volume 1 http://no-redd.com/no-redd-papers/

Why is REDD happening? What is REDD? Who benefits from REDD? Players and Power, Carbon Trade Watch http://www.carbontradewatch.org/publications/no-redd-a-reader.html; http://www.carbontradewatch.org/publications/key-arguments-against-reducing-emissions-from-deforestation-and-degradation.html

Dix alertes sur REDD à l'intention des communautés, Mouvement mondial pour les forêts tropicales http://wrm.org.uy/fr/livres-et-rapports/10-alertes-sur-redd-a-lintention-des-communautes/

REDD quitte les forêts pour envahir les paysages, Mouvement mondial pour les forêts tropicales http://wrm.org.uy/fr/les-articles-du-bulletin-wrm/section2/redd-quitte-les-forets-pour-envahir-les-paysages-la-meme-chose-en-plus-grand-et-avec-plus-de-chances-de-faire-des-degats-3/

REDD Myths, Friends of the Earth International, http://www.foei.org/wp-content/uploads/2014/08/15-foei-forest-full-eng-lr.pdf

Shell bankrolls REDD, http://www.redd-monitor.org/2010/09/08/indigenous-environmental-network-and-friends-of-the-earth-nigeria-denounce-shell-redd-project/

Carbon Trading — How It Works And Why It Fails, Carbon Trade Watch. http://www.carbontradewatch.org/publications/carbon-trading-how-it-works-and-why-it-fails.html

Carbon Trading in Africa: A Critical Review, http://www.carbontradewatch.org/publications/carbon-trading-in-africa-a-critical-review.html (Accessed 2013)

Une douzaine des pires projets type REDD qui affectent les peuples autochtones et communautés locales http://www.no-redd-africa.org/images/pdf/Fracais/unedouzainedespiresprojetsREDD.pdf

Cashing in on Creation: Gourmet REDD privatizes, packages, patents, sells and corrupts all that is Sacred, Indigenous Environmental Network, The No REDD Reader http://www.carbontradewatch.org/publications/no-redd-a-reader.html

Le commerce des services écosystémiques : quand le "paiement pour services environnementaux" équivaut à l'autorisation de détruire Mouvement mondial pour les forêts tropicales http://www.wrm.org.uy/html/wp-content/uploads/2014/04/le-commerce-des-services-des-ecosystemes.pdf

L'Évaluation économique de la nature : Donner un prix à la nature pour la

protéger ?   Fondation   Rosa   Luxemburg   http://www.rosalux.eu/fileadmin/
user_upload/nature-fr-web.pdf

À propos les auteurs

Cassandra Smithies

Depuis plus de 20 ans, Cassandra est personne-ressource et interprète pour les peuples autochtones dans les négociations sur l'environnement et les droits humains à l'ONU. Vivant actuellement à New York, elle a aussi travaillé à titre de consultante pour les Nations Unies et témoigné en tant qu'experte devant le Tribunal international des droits de la nature. Elle a notamment publié Indigenous Peoples' Guide to False Solutions to Climate Change et REDD = Reaping profits from Evictions, land grabs, Deforestation and Destruction of biodiversity. Par ailleurs, Cassandra sculpte des autels et des monuments et peint des murales mobiles pour les mouvements sociaux. Son art explore la mémoire en tant que fil conducteur qui nous guide à travers le labyrinthe de l'identité. www.cassandraproductions.net

Anabela Lemos

Anabela est une militante de la justice environnementale et membre fondatrice de Livaningo, la première organisation environnementale du Mozambique (1998). Elle a été vice-directrice de Livaningo et coordonné plusieurs initiatives. En 2004, elle a quitté Livaningo pour fonder JA (Justiça ambiental). Anabela s'est vue décerner le Prix national de l'environnement du Mozambique en 2004. Elle a toujours travaillé en tant que bénévole tant à JA qu'à Livaningo. Elle est active dans le milieu de la justice environnementale depuis plus de 18 ans. Avant JA, elle œuvrait dans plusieurs ONG. Elle est une des membres fondatrices de GAIA (une alliance entre des personnes, des ONG, des organisations communautaires et des universitaires travaillant pour stopper l'incinération partout sur la planète). Elle est aussi membre du conseil consultatif du fonds Southern Africa Global Greengrants Fund. Depuis la création de JA, elle a été membre de son conseil d'administration, chargée de sa stratégie, de la collecte de fonds, de la co-coordination de la campagne Mphanda Nkuwa et participe à la recherche et aux campagnes, notamment le travail de terrain. Finalement, elle est membre du comité de rédaction du bulletin de JA.

Nnimmo Bassey

Nnimmo Bassey est militant de la justice environnementale, architecte, essayiste et poète. Il est le directeur du groupe de réflexion écologique

Health of Mother Earth Foundation (HOMEF) et coordinateur d'Oilwatch International. Il était le président d'Amis de la Terre Internationale (la plus grande organisation environnementale communautaire au monde) de 2008 à 2012 ainsi que cofondateur et directeur général d'Environmental Rights Action (1993-2013) basée au Nigeria (Bénin City, Lagos, Abuja, Port Harcourt et Yenagoa). En 2010, il a été co-récipiendaire du prix Right Livelihood Award, également connu comme le « Prix Nobel Alternatif. » En 2012, on lui a décerné le prix des droits de l'homme Rafto. En 2014, il a été nommé membre de la République fédérale (MFR), un honneur national du Nigeria, en reconnaissance de son travail pour l'environnement. Nnimmo Bassey est l'auteur du célèbre livre, To Cook a Continent: Destructive Extraction and Climate Crisis in Africa (Pambazuka Press) et, en version portugaise, Cozinhar Um Continente: A Extração Destrutiva e a Crise Climática na África (Daraja Press), lequel décrit les effets destructeurs des industries extractives et des crises climatiques en Afrique. Il est aussi co-auteur, avec le Réseau Pas de REDD en Afrique, de Stop the Continent Grab and the REDD-ification of Africa (Daraja Press). Par ailleurs il est l'auteur de plusieurs livres d'architecture. Sa poésie est centrée sur la justice environnementale. We thought it was oil but it was blood et I will not dance to your beat sont deux de ses recueils de poésie les plus connus.

Autres publications de Daraja Press

Daraja Press

http://darajapress.com/

Song of Gulzarina, by Tariq Mehmood

The great climate robbery: How the food system drives climate change and what we can do about it, edited by GRAIN

Cozinhar Um Continente: A Extração Destrutiva e a Crise Climática na África, by Nnimmo Bassey

Stop the Continent Grab and the REDD-ification **of Africa,** by Nnimmo Bassey, Anabela Lemos, & Cassandra Smithies

Silence Would Be Treason: Last writings of Ken Saro-Wiwa, edited by Helen Fallon, Ide Corley, Laurence Cox

Claim No Easy Victories: The Legacy of Amilcar Cabral, edited by Firoze Manji and Bill Fletcher Jr

Wither the Franc Zone in Africa? edited by Carlos Cardoso, Demba Moussa Dembele

Recent Political Developments in West Africa, edited by Ndongo Samba Sylla

Rethinking Development, edited by Ndongo Samba Sylla

Liberalism and its discontents: Social movements in West Africa, edited by Ndongo Samba Sylla

www.ingramcontent.com/pod-product-compliance
Lightning Source LLC
Chambersburg PA
CBHW060510280326
41933CB00014B/2915